Flowhacking
Mit Leichtigkeit zur Höchstleistung

Patrick Thiele

PATRICK THIELE

FLOW HACKING

MIT LEICHTIGKEIT ZUR HÖCHSTLEISTUNG

Für Fragen und Anregungen: info@avocado-verlag.de

Klimaneutral
Druckprodukt
ClimatePartner.com/18373-2201-1001

Bibliografische Information der Deutschen Nationalbibliothek:
Die Deutsche Nationalbibliothek verzeichnet diese Publikation in der Deutschen Nationalbibliografie; detaillierte bibliografische Daten sind im Internet über http://dnb.dnb.de abrufbar.
Originalauflage, 1. Auflage 2023

www.avocado-verlag.de

Coverdesign und Satz: Wolkenart – Marie-Katharina Becker,
www.wolkenart.com

ISBN: 978-3-98813-006-8

avocado
verlag

INHALT

VORWORT

„Woher bekomme ich die restlichen 150.000€, um meinen Lieferanten pünktlich zu bezahlen?"

Mit dieser Frage und vielen Bauchschmerzen lief ich 2018 zu meinem Treffen mit Patrick. Es war ein heißer Sommer in Berlin - jedoch war ich weit weg davon, auch nur ansatzweise diesen Flair genießen zu können. Ehrlich gesagt hatte ich in den letzten Nächten sehr wenig geschlafen. Mein Traum vom „erfolgreichen" Unternehmer schien nun endgültig zu platzen. Starke Opfergefühle kamen in mir hoch:

„Warum schaffe ich es nie, erfolgreich zu sein?"

„Warum schaffe ich es nicht, meine Rechnungen zu bezahlen?"

„Was für ein Versager bin ich eigentlich?"

„Wenn ich jetzt schon scheitere, was wird dann sein, wenn das Unternehmen noch größer wird?"

Die Spirale nach unten hatte begonnen und das, ohne dass es mir bewusst war. Ich war am Cafe angekommen und nahm an einem sonnigen Tisch Platz. Cappuccino in der Sonne in einem Berliner Cafe - eigentlich meine Lieblingsbeschäftigung, jedoch fühlte ich in diesem Moment pure Verzweiflung, Hilflosigkeit und ein Gefühl, als müsste ich mich sofort übergeben.

Als Patrick sich setzte, fing ich sofort an, ihn mit meinen Sorgen zu überhäufen. Es schien schon fast so, als würde ich ihn überzeugen wollen, dass er mir zustimmt.

„Ja, Christian, der Fall ist hoffnungslos.“, hörte ich ihn schon sagen.

Was ich aber stattdessen hörte, war sehr überraschend für mich:

„Hattest du eine ähnliche Situation schon einmal erlebt?“

„Was hast du damals getan?“

„Hast du mit dem Rechnungssteller schon darüber gesprochen?“

„Wie wichtig ist es für ihn, dass du die Rechnung genau jetzt bezahlst?“

„Welche Möglichkeiten gäbe es den Monatsumsatz kurzfristig zu steigern?“

„Was passiert wenn du die Rechnung nicht bezahlst?“

„Wie fühlt es sich an, das Unternehmen zu schließen?“

„Wie möchtest du, dass die Geschichte endet?“

Mit wenigen gekonnten Fragen wurde mir bewusst, dass ich gedanklich in eine Falle gelaufen war. In meinem Verstand war es seit Tagen sehr dunkel - Patrick hatte soeben das Licht angeknipst.

Mit jeder weiteren Frage und darauf folgenden Antworten wurde mir bewusst, dass mein größter Gegner gerade mein eigener Verstand war.

Er war der Einzige, der mich gerade scheitern sah. Durch diese Perspektive hatte ich mich selbst meiner größten Fähigkeit beraubt: meinem „Flow“-Zustand. Ich konnte bisher keine Lösung finden, da ich nicht mehr Herr meines Bewusstsein war.

Was ich damals im Cafe erlebte, kannst auch du beim Lesen dieses Buches erfahren. Der Weg in die gedankliche Freiheit ist nur ein paar Seiten entfernt.

-Dipl.-Ing. Christian Bernd Bauer (CEO Qi Blanco)

1.0. WIE ERREICHST DU HÖCHSTLEISTUNGEN?

„It is not in the stars to hold our destiny but in ourselves."

- William Shakespeare

Hast du dich schon mal gefragt, warum es manchen Menschen offensichtlich spielerisch leicht fällt, auch die schwierigsten Herausforderungen zu meistern, während andere Menschen an genau diesen Hindernissen scheitern?

Tagtäglich stehst du im Alltag und Berufsleben tausenden Ablenkungen und potenziellen Stressoren gegenüber. Immer wenn du glaubst, alles „unter Kontrolle" zu haben, taucht die nächste Herausforderung auf. Um all die Veränderungen und Unsicherheiten des Alltags zu meistern und parallel auch noch außergewöhnliche Ziele zu erreichen, braucht es Gelassenheit, Resilienz, Kontrolle und Fokus.

Eigenschaften, die von den besten Athleten der Welt nahezu perfektioniert wurden. Trotz widrigster Umstände und größtem Druck gelingt es ihnen, immer wieder neue Bestleistungen zu erzielen. Und das scheinbar spielerisch. Von außen betrachtet sehen diese außergewöhnlichen Leistungen oft mühelos aus. Wie auf Knopfdruck gelingt es den besten Athleten, alles um sich herum auszublenden und maximal fokussiert zu sein. Die Grundlage dafür ist viel weniger das sportliche Talent der Athleten als vielmehr ihre Einstellung und ihr mentales Training.

Mit dem Mindset und den mentalen Strategien aus dem Spitzensport kann es auch dir gelingen, zum Olympiasieger deines Lebens zu werden. Spitzensport und Berufsleben sind dabei nur zwei verschiedene Spielfelder des Lebens, auf denen dieselben mentalen Strategien zum Erfolg führen. In beiden Lebensbereichen geht es um große Ziele. Es geht um außergewöhnliche Leistungen und darum, immer wieder über sich selbst hinauszuwachsen. Und das unter dem Einfluss äußerer Umstände, die sich von heute auf morgen komplett verändern können.

Wenn du deinen großen Ambitionen auch Taten folgen lassen willst, dann musst du lernen, auch in den schwierigsten Situationen die Kontrolle zu behalten. Entweder hast du dich unter Kontrolle oder du wirst immer wieder zum Spielball der äußeren Einflüsse.
Alle diese Herausforderungen zu meistern, ist vor allem eins: reine Kopfsache. Erfolg beginnt und endet in deinem Kopf. Das gilt für den Sport, aber auch für die Businesswelt.

Bei den Australian Open 2023 hat Novak Djokovic mit seinem 22. Grand Slam-Sieg endgültig dafür gesorgt, dass er als der aktuell beste Tennisspieler aller Zeiten in die Geschichtsbücher eingeht. Den Moment des letzten verwandelten Matchballs hat Novak Djokovic genutzt, um allen zu zeigen, worauf es wirklich ankommt, wenn du das Level eines G.O.A.T's (Greatest Of All Time) erreichen willst. Er zeigte im Moment des Sieges einfach nur auf seinen Kopf, so als wollte er der ganzen Welt sagen: „Alles nur Kopfsache."
Natürlich braucht es mehr als nur dein Mindset. Novak Djokovic ist ein herausragender Tennisspieler, doch er besitzt eben auch eine außergewöhnliche mentale Stärke. Ohne diese Komponente hätte es seinen Eintrag in die Geschichtsbücher der Tenniswelt nicht gegeben.
Also lass uns gemeinsam das Fundament für deine persönliche Erfolgsgeschichte bauen.

Warum du dafür zum Flowhacker werden musst?
Weil es um so viel mehr als nur um dein Mindset und Peak Performance geht. Das durfte auch ich über die letzten Jahre und Monate hinweg feststellen.

Meine erste Intention für dieses Buch war es, dir eine reine Anleitung für Flow-Momente zu liefern. Die Art von Flow, die du wahrscheinlich schon kennst. Flow als Peak Performance State. Momente, in denen du fast schon spielerisch leicht deine beste Leistung abrufen kannst und über dich hinauswachsen kannst. Im Sport ist dieser State das ultimative Ziel und wann immer ich mit Spitzensportlern zusammenarbeite, zielt all unser Training früher oder später darauf ab, im Wettkampf gezielt Flow-Momente zu erschaffen. Was würde also näherliegen, als genau darüber ein Buch zu schreiben und dir zu zeigen, wie du mit den mentalen Strategien der Spitzensportler auch im Alltag und Berufsleben mehr Flow erleben kannst?

Das dachte ich mir auch, also habe ich damit begonnen, genau dieses Buch zu schreiben. Und weißt du was? Es hat sich unglaublich schwer angefühlt. Anfangs dachte ich noch, dass mir einfach die Routine fehlt. Später habe ich mein Konzept dafür verantwortlich gemacht, welches noch nicht detailliert genug ausgearbeitet war. Doch nach fast 4 Wochen echtem Struggle musste ich mir eingestehen, dass ich entweder nicht für das Schreiben gemacht bin oder auf dem falschen Weg bin.
Ich habe mein Skript beiseitegelegt. Ich habe aufgehört, zu schreiben. Ich habe aufgehört, mir ständig den Kopf darüber zu zerbrechen. Stattdessen habe ich mich voll und ganz darauf konzentriert, meine Leichtigkeit wiederzufinden und in den Flow zu kommen.

Was ich damit meinte, war aber gar nicht der Flow, über den Mihaly Csíkszentmihályi in den 1970er-Jahren das erste Mal geschrieben hat.

Ich habe mich nicht auf den Flow berufen, der im Sport immer wieder für außergewöhnliche Ergebnisse sorgt. Was ich gesucht habe, war nicht nur dieses gute Gefühl und Bestleistungen in begrenzten Zeiträumen meines Tages. Wonach ich gesucht habe, war dieses Gefühl, einfach durch meinen Alltag zu schweben. Nicht wie auf Drogen, sondern auf Leichtigkeit. Dieses Gefühl, in den Spiegel schauen zu können und zu wissen: „Läuft bei mir!"

Wenn du diese Tage oder Wochen schon erlebt hast, dann weißt du, wovon ich spreche. Und dann willst du wahrscheinlich gerne mehr davon haben. Wenn dir dieser Zustand noch völlig fremd ist, dann sei ganz unbesorgt: Auf den nächsten Seiten wirst du lernen, wie du genau diesen Zustand in deinem Leben aufbaust und langfristig beibehalten kannst.

Bei genauerer Betrachtung ist mir bewusst geworden, dass Flow für mich weit über die begrenzten Intervalle von Peak Performance hinausgeht. Ein Buch nur darüber zu schreiben, wäre also nur die halbe Wahrheit gewesen. Ich möchte dir nicht nur erklären, wie du in einzelnen, ganz besonderen Momenten deine beste Leistung abrufen kannst, auch wenn das natürlich ein wichtiger Teil des Buches sein wird. Ich möchte dir vielmehr eine Anleitung für ein Leben im Flow mitgeben und dir dabei helfen, dich in jedem Moment deines Lebens richtig gut zu fühlen.
Kurzum: Ich möchte dir zeigen, wie auch du zum Flohacker werden kannst, sodass du aus der Leichtigkeit heraus jederzeit Höchstleistungen abliefern kannst, ganz ohne dabei auszubrennen.

Das ist die Basis, um das Unmögliche möglich zu machen und außergewöhnliche Ziele zu erreichen.

Zwei letzte Anmerkungen noch bevor wir starten: Alles, was ich in diesem Buch mit dir teile, basiert letztendlich auf meiner Erfahrung und den Erfahrungen der Menschen, mit denen ich zusammengearbeitet habe. Einige davon gehören zu den besten Athleten weltweit, andere leiten Teams in den größten Unternehmen der Welt und wieder andere wollen einfach ihr eigenes Leben in die bestmögliche Version verwandeln.

Die Techniken und Strategien, die vor dir liegen, funktionieren. Was es allerdings von dir braucht, ist Offenheit, Geduld und die Bereitschaft zur Veränderung. Ich habe in den letzten Jahren viele Menschen mit großen Ambitionen kommen und gehen sehen. Gegangen sind sie meistens, weil sie dachten, schon alles zu wissen, und nicht die Geduld hatten, langfristig an sich zu arbeiten. Diejenigen, die diese Geduld hatten, kennst du jetzt als Weltmeister und Olympiasieger. Du siehst, wie sie mit ihren Unternehmen oder Teams die Welt ein kleines Stück besser machen. Oder aber, du triffst sie einfach auf der Straße, mit einem breiten Lächeln auf den Lippen.

Und zu guter Letzt: Dies ist kein Buch über Motivation. Auch wenn wir an der ein oder anderen Stelle darüber sprechen werden, geht es nicht darum, dich zu motivieren. Die Menschen, mit denen ich arbeite, sind motiviert. Sie haben bereits große Ziele und Ambitionen. Meine Aufgabe ist dabei, diese Menschen noch besser zu machen, ihnen zu helfen, ihr volles Potenzial zu aktivieren und im Hier und Jetzt zu nutzen.

Let's do this!

P.S.: Um dich parallel zum Buch noch weiter zu unterstützen, erhältst du kostenfreien Zugang zu meinem 30-tägigen CALM MIND-Training. Das Training wird dir dabei helfen, zum Fels in der Brandung zu werden, immer wieder deinen inneren Ruhepol zu finden und selbst in den stressigsten Momenten den Überblick zu behalten. Du bekommst täglich einen neuen Trainingsimpuls, den du mit wenigen Minuten in deinen Alltag einbauen kannst und der dir dabei hilft, die Gelassenheit und den Fokus eines Olympiasiegers aufzubauen. Deinen Zugang erhältst du unter: http://mindact.io/buch. Den dafür nötigen Code findest du auf der letzten Seite dieses Buches.

2.0.
IM FLUSS DES LEBENS

„Don't look for peace. Don't look for any other state than the one you are in now; otherwise, you will set up inner conflict and unconscious resistance. Forgive yourself for not being peace. The moment you completely accept your non-peace, your non-peace becomes transmuted into peace. Anything you accept fully will get you there, will take you into peace. This is the miracle of surrender."

- Eckhart Tolle

Wann war das letzte Mal, dass du wirklich über einen längeren Zeitraum mit einem Lächeln durch dein Leben gegangen bist? Nicht nur für ein paar Stunden. Tagelang, vielleicht wochenlang. Der Grund, warum du gerade dieses Buch in den Händen hältst, ist vielleicht genau der, dass du dieses Gefühl schon lange nicht mehr hattest. Dein Alltag fühlt sich immer wieder unnötig schwer an. Gefüllt mit Stress, Erwartungen und jeder Menge Herausforderungen. Der tägliche Overload an Aufgaben hält dich davon ab, wirklich große Fortschritte zu machen. Stattdessen bist du immer wieder frustriert und verzweifelt, weil du weißt, dass du deine tatsächlichen Möglichkeiten und dein wirkliches Potenzial gerade nicht ausschöpfen kannst. Bist du vielleicht doch nicht so gut, wie du immer glaubst? Sind diese großen Ziele vielleicht nur ein Traum, aus dem du gerade erwachst? Je tiefer du in dieses Loch hinabsteigst, desto mehr setzt du dich selbst unter Druck. Du kannst es dir jetzt nicht leisten, schlechte Leistungen zu zeigen. Du musst funktionieren. Du glaubst, dass die Zeit dein großer Feind ist. Es gibt einfach nicht genug davon. Im Wunsch, mehr davon zu erschaffen, ertappst du dich immer mal wieder dabei, dass du in deinem Kalender nach dem nächstmöglichen Ausweg suchst. Raus aus dem Stress und endlich mal ungestört an deinen wichtigsten Aufgaben arbeiten oder wirklich mal entspannen, wenn auch nur für ein paar Stunden. Vielleicht ist es der tägliche Feierabend, vielleicht das nächste Wochenende, vielleicht der nächste Urlaub. Doch mit der Zeit stellst du fest, dass auch das nicht die Lösung ist? Du drehst dich im Kreis und landest immer wieder am selben Punkt, fernab deiner eigenen Ziele und Ambitionen. Gehört das vielleicht einfach dazu? Musst du dich damit anfreunden, immer wieder unter Stress zu stehen, permanent überfordert oder unkonzentriert zu sein und dein Glück und Wohlbefinden immer nur als hoffnungsvolle Oase in der Zukunft zu sehen? Ich glaube nicht.

Ja, das Leben ist nicht immer einfach. Ganz im Gegenteil, es kann manchmal verdammt hart und anstrengend sein. Es wird Momente geben, in denen wirst du herausgefordert, in denen wird dir alles abverlangt werden und du wirst taumeln. Du wirst fallen, scheitern und wieder aufstehen. Doch es wird auch Momente geben, in denen du jubeln wirst, strahlen und vor Freude schreien. Momente, in denen du am liebsten die ganze Welt umarmen willst. Beides gehört zum Leben dazu. Beides ist ein notwendiger Teil unseres Lebens und das Gute ist: Du kannst lernen und besser werden. Lernen, die Höhepunkte deines Lebens in vollen Zügen zu genießen, ohne sie krampfhaft in die Länge zu ziehen, und die Tiefpunkte mit Gelassenheit und Stärke zu durchleben. Du kannst lernen, auch die schlimmsten Stürme unbeschadet zu überstehen und der Fels in der Brandung zu sein. Deine „Probleme“ werden nie wirklich komplett verschwinden. Sie tauchen immer wieder in der ein oder anderen Form auf, doch der Schlüssel ist es, immer besser darin zu werden, sie zu lösen.

Gelingt es dir, die unweigerlichen Höhen und Tiefen akzeptieren zu können und trotz nicht perfekter Umstände immer wieder über dich hinauszuwachsen, erreichst du auch deine ambitioniertesten Ziele.
Du kämpfst nicht gegen die schlechteren Zeiten an, weil du weißt, dass sie auch wieder vergehen, und du wehrst dich nicht gegen das Ende der schönen Zeiten, in dem Wissen, dass der nächste Höhepunkt deines Lebens nur einen Tiefpunkt entfernt ist.

Diese Gelassenheit erlaubt es dir, den Fluss des Lebens einfach fließen zu lassen, ohne ihn zu stoppen. Das meine ich, wenn ich von Flow abseits der Peak Performance-Momente spreche. Um also eine Verwirrung der Begriffe zu vermeiden, werden wir im Laufe des Buches zwei Arten von Flow unterscheiden.

Den klassischen Flow nach Csíkszentmihályi, der es dir erlaubt, außergewöhnliche Leistungen zu zeigen, und **den Fluss des Lebens,** der permanente Flow, in dem du dich immer bewegst. Die Unterscheidung zwischen beiden ist einfach, denn das eine baut auf dem anderen auf. Im Fluss des Lebens zu sein, ist die Grundlage für den Peak Performance Flow. Der Fluss des Lebens zieht sich durch deinen ganzen Tag, dein ganzes Leben. Du kannst ihm nicht entkommen. Musst du allerdings auch gar nicht. Du darfst den Fluss des Lebens einfach nur fließen lassen. Aktuell blockierst du ihn wahrscheinlich noch sehr oft. Genau diese Blockaden gilt es abzubauen. Gelingt es dir, im Fluss des Lebens zu bleiben, hast du die beste Grundlage für viele, kurzweilige Flow-Momente, die dich in großen Schritten nach vorne bringen. Im Fluss des Lebens geht es vor allem um dein generelles Wohlbefinden, deine Zufriedenheit, das Fundament, um überhaupt Flow-Momente erleben zu können. Im Flow dreht sich alles um Spitzenleistungen, um mehr Fokus und Produktivität, um Kreativität und dein maximales Potenzial.

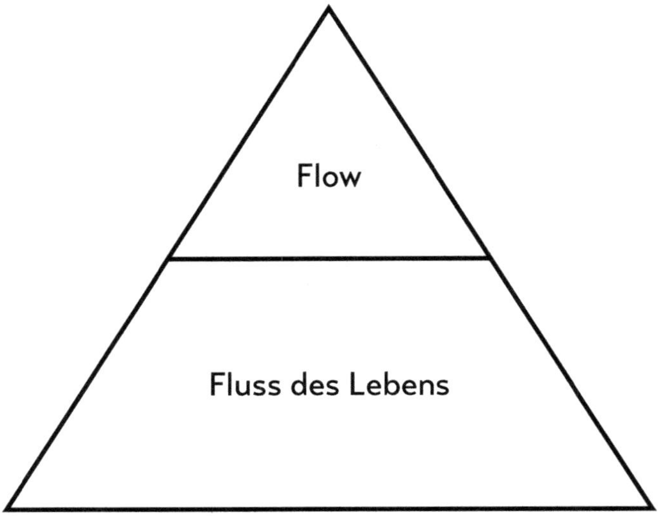

Das Ziel für dieses Buch ist es also, dir zunächst einen klaren Weg aufzuzeigen, um den Fluss des Lebens nicht länger zu blockieren, sodass wir uns dann anschauen können, wie es dir gelingt, Flow-Momente auf Knopfdruck zu erschaffen.

Wir müssen also erst einen Schritt zurückgehen, bevor wir drei Schritte nach vorn machen dürfen. Welchen Unterschied das macht, erlebe ich tagtäglich im Sport. Alle Athleten wünschen sich natürlich mehr Flow-Momente. Das ist es, was den Sport ausmacht. Immer wieder in diese magische Zone einzutauchen, in der alles miteinander verschmilzt, der Kopf komplett frei ist und die eigene Bestleistung einfach passiert. Doch nur die wenigsten Athleten sind bereit, erst mal an dem zu arbeiten, was den Fluss in ihrem Leben aktuell blockiert. Dabei ist alles miteinander verbunden. Stell dir vor, du wärst in deinem Alltag permanent gestresst, immer wieder schlecht gelaunt und frustriert. Aus diesem Zustand heraus in den Flow zu kommen, ist unmöglich. Erst darfst du die Steine beiseite räumen, die den Fluss des Lebens blockieren und im Anschluss kannst du immer mehr Flow-Momente erleben und gezielt abrufen.

2.1.
DER TÄGLICHE KAMPF

„Everybody's got plans ... until they get hit."

\- Mike Tyson

Um den Fluss des Lebens noch besser zu verstehen, will ich dir zum Start gerne eine passende Analogie mitgeben. Stell dir vor, du startest deine Reise am Anfang deines Lebens auf einem Boot oder einem kleinen Schiff. Dieses Schiff trägt dich auf dem Fluss des Lebens durch deine ganze Zeit auf diesem Planeten. Von der ersten bis zur letzten Sekunde. Es verändert sich. Es ist mal eine große Yacht und bietet Platz für viele Menschen, mal bist du einfach nur ganz allein auf einem Kajak unterwegs. Doch du verbringst dein ganzes Leben auf diesem Schiff, das immer dem Fluss des Lebens folgt.

Auf deinem Weg siehst du die wundervollsten Orte, musst aber auch die schwierigsten Stromschnellen überstehen. Die Betonung liegt dabei auf „musst", denn du hast keine Wahl. Der Fluss des Lebens kennt nur eine Richtung – vorwärts, und du darfst folgen.

Genau an dieser Stelle fängst du an, dir das Leben selbst schwer zu machen. Denn seien wir mal ehrlich: Die wunderschönen Momente auf deiner Reise zu genießen und dich den Annehmlichkeiten dieser Wohlfühlorte hinzugeben, ist viel entspannter, als immer wieder die nächsten, heiklen Stromschnellen durchqueren zu müssen. Und da bist du nun. Du siehst dem Fluss des Lebens dabei zu, wie er unaufhörlich weiterfließt, während du gegen die damit einhergehenden Veränderungen kämpfst.

Immer wieder versuchst du, an den schönen Orten deinen Anker zu werfen und mit aller Macht dafür zu sorgen, dass dein Schiff stillsteht. Immer wieder nutzt du alles, was du hast, um vor dir eine Staumauer zu errichten und den Fluss des Lebens aufzuhalten, damit du dich nicht der nächsten unbequemen Situation stellen musst. Beides sorgt für Widerstand. Du kämpfst gegen etwas an, das du nicht aufhalten kannst und doch versuchst du es immer wieder, so wie Sisyphos, der tagein, tagaus seinen Felsblock den Berg hinauf rollt, nur um dann doch wieder von ganz unten zu starten. Dieser nie endende Kampf gegen den Fluss des Lebens äußert sich in großen Momenten, aber vor allem auch in den ganz kleinen, scheinbar unbedeutenden Situationen deines Alltags.

Alles beginnt tagtäglich mit zwei simplen Aussagen. „Das gefällt mir" und „Das gefällt mir nicht". Dir gefällt es, wenn gerade alles gut und nach deinen Vorstellungen läuft, und du willst auf keinen Fall, dass sich daran etwas ändert. Also wann immer dein Schiff weiter treibt und dich der Fluss des Lebens von dem, was dir gefällt, wegzieht, schmeißt du deinen Anker und gehst in den Widerstand.

„Es war gerade so schön. Ich will hier nicht weg. Ich will nicht, dass sich etwas ändert."

Widerstand.

Dasselbe gilt auch für die herannahenden Herausforderungen und Veränderungen. Sobald du in der Ferne etwas siehst, das dir nicht gefällt, beginnst du, deine Ressourcen zu sammeln und deine Staumauer zu errichten.

„Nein, so habe ich mir das nicht vorgestellt. Das gefällt mir nicht."

Widerstand.

Sehr viel der Schwere im Alltag entsteht nur, weil du permanent im Widerstand bist. Du wirfst deinen Anker, weil das, was dir gerade gefällt, ein Ende findet, oder du baust eine Staumauer, weil am Horizont langsam die nächste Herausforderung aufzieht.

Die Beispiele dafür sind endlos.
Sie lassen sich im Großen, aber auch im ganz Kleinen finden.

Dein Urlaub geht langsam zu Ende und du weißt, dass du am Montagmorgen wieder im Büro sitzen musst, anstatt am Strand.
Wahrscheinlich gefällt es dir am Strand besser, also gehst du in den Widerstand und verdirbst dir so vermutlich deine letzten Urlaubstage, weil du gedanklich schon wieder im Büro bist.

Du siehst in deinem E-Mail-Postfach eine Nachricht von diesem einen Kunden, der immer nur Probleme bereitet. Natürlich willst du diese Mail gar nicht erst öffnen und versuchst, sie zu ignorieren. Du baust eine Staumauer auf, bis es irgendwann nicht mehr anders geht, als dich damit auseinanderzusetzen.

Anderes Beispiel, selbes Spiel: Die Bahn hat morgens auf dem Weg zu deiner Arbeit wieder mal Verspätung, was dir überhaupt nicht gefällt, weil du schon jetzt weißt, dass du dadurch zu spät bei deinem ersten Termin sein wirst.

Gerade noch lief alles super und du hast die Freiheit in deinem Homeoffice genossen. Doch plötzlich bekommst du eine E-Mail, in der steht, dass du ab nächster Woche wieder im Büro arbeiten musst.

Du hast es eilig, musst aber unbedingt noch schnell einkaufen, und ausgerechnet jetzt will offensichtlich die halbe Stadt einkaufen, während nur eine Kasse geöffnet ist. Du siehst die Uhr ticken und innerlich steigt deine Frustration immer mehr. Dir gefällt nicht, was da gerade passiert. Ich könnte diese Liste ewig so weiterführen, doch ich glaube, inzwischen weißt du ziemlich genau, welche Momente in deinem Alltag dafür stellvertretend sind.

In all diesen Beispielen entsteht Widerstand. Innerlich. Du sträubst dich dagegen, dass die Realität anders ist, als du sie dir vorgestellt hast. Das, was dir gefällt, vergeht, oder genau das, was dir nicht gefällt, passiert. Was kannst du jetzt aber dagegen tun?

Zuallererst darfst du dieses Verhalten bei dir selbst erkennen. Und bitte sei ehrlich zu dir selbst. Wir alle zeigen dieses Verhalten. Mal mehr, mal weniger. Doch solange du nicht die letzten 30 Jahre meditierend in einer einsamen Höhle verbracht und dich von jeglichen irdischen Bedürfnissen losgelöst hast, gibt es Dinge, Tätigkeiten und Abläufe, die dir gefallen, und wiederum andere, die dir nicht gefallen.

Also was ist es bei dir, das immer wieder für Widerstand sorgt?
Wann wehrst du dich gegen das Ende von etwas, das dir gefällt, und wirfst verzweifelt deinen Anker?

Wann baust du deine Staumauer auf, um das, was dir nicht gefällt, von dir fernzuhalten?

Jede Veränderung beginnt mit der Erkenntnis. Erlaube dir, die Momente zu erkennen, in denen du dir selbst im Weg stehst, weil dir etwas gefällt oder nicht gefällt.

Erkenntnis ist der einfachere Schritt. Erkenntnis erfordert von dir nur, dass du dir das anschaust, was schon da ist. Der größere Schritt kommt danach.

Akzeptanz.

Um diesem endlosen Kampf zu entfliehen und den inneren Widerstand aufzulösen, musst du den Fluss des Lebens, den Lauf der Dinge akzeptieren.

Erst nach der Akzeptanz ist Raum für Veränderung da, denn auch fehlende Akzeptanz ist einfach nur innerer Widerstand, der dir das Leben unnötig schwer macht.

Die permanente Veränderung des Lebens nicht zu akzeptieren, hat denselben Effekt wie unkontrollierte Bewegungen, während du im Treibsand feststeckst. Je mehr du dich wehrst, desto tiefer wirst du in das Loch gezogen. Erst wenn du anfängst, deine Situation zu akzeptieren, und zum Stillstand kommst, kannst du dich mit den richtigen Handlungen befreien.

Dabei ist jedoch eins extrem wichtig: Diese positive Veränderung braucht Zeit. Zeit, die du dir selbst geben musst.

Als ich angefangen habe, als Mentaltrainer zu arbeiten, hatte ich mit meinen Athleten meistens Monatsverträge. Ganz transparent, ganz locker, keine lange Bindung. Für einige hat das gut funktioniert, weil sie von Anfang an langfristig gedacht haben und keine schnellen Lösungen haben wollten. Andere wiederum haben nach wenigen Monaten gekündigt, weil sie aufgrund ausbleibender Bestleistungen zu dem Entschluss gekommen sind, dass mentales Training für sie nicht funktioniert. Inzwischen schließe ich mit den Athleten nur noch Jahresverträge. Das heißt, von Beginn an ist klar, dass sich der komplette Entwicklungsprozess auf mindestens 12 Monate erstreckt. Völlig anderer Zeithorizont und auch die wahrgenommenen Fortschritte sind viel bedeutender. Die wirklich erfolgreichen Athleten verstehen diesen langfristigen Prozess und betrachten mentales Training einfach als einen festen Bestandteil ihres Trainings, der sie bis zum Ende ihrer aktiven Karriere oder auch darüber hinaus begleitet.

Wir überschätzen immer wieder, was wir in wenigen Monaten verändern können, und wir unterschätzen, was sich in ein bis drei Jahren verändern kann.

Oder glaubst du nicht, dass du in der Lage bist, große Fortschritte zu machen, wenn du ein Jahr konsequent an einer Fähigkeit arbeitest? Natürlich wirst du dich verbessern. Wenn die Timeline lang genug ist, kannst du nur gewinnen.

Doch dafür darfst du deine Perspektive ändern.

2.2.
WANDERER ODER BERGTOURIST?

„The man who loves walking will walk further than the man who loves the destination. When you love the journey, the goals just happen, you hit milestones as a side effect."

- Sal Di Stefano

Als Kind habe ich viel Zeit in den Bergen verbracht. Nahezu jeden Sommer bin ich mit meinen Eltern in die Alpen zum Wandern gefahren. Und auch wenn ich vielleicht nicht immer den motiviertesten Eindruck gemacht habe, habe ich es doch geliebt. Rückblickend weiß ich heute, warum ich trotz der Liebe zum Wandern von Zeit zu Zeit mal keine Lust hatte. Ich wollte an diesen Tagen einfach nur ankommen. Ich war in dem Moment viel mehr ein Bergtourist und kein Wanderer.

Der Bergtourist besteigt den Berg nur wegen des Gipfelfotos. Er will einfach nur auf dem schnellsten Weg nach oben gelangen, sein Foto machen, sich auf dem Liegestuhl der Alm zurücklehnen und sein kühles Getränk genießen. Wenn der Bergtourist die Möglichkeit hat, eine Gondel zu nehmen, dann überlegt er nicht zweimal. Alles, was seinen Weg zum Gipfel verkürzt, ist willkommen. Je schneller und einfacher, desto besser.

Und dann gibt es da andererseits noch den Wanderer. Der Wanderer kommt nicht wegen des Gipfelfotos. Ihm geht es nicht so sehr darum, anzukommen. Er liebt es einfach, stundenlang durch die Landschaft zu laufen, immer wieder kurze Pausen zu machen, um dabei die Aussicht und das Leben zu genießen. Da darf ein Aufstieg auch gerne mal einige Stunden dauern.

Solange wir wirklich nur über das Erklimmen von Bergen sprechen, ist natürlich erst mal kein Verhalten besser oder schlechter. Doch wie du dir vielleicht schon gedacht hast, sind der Bergtourist und der Wanderer nur Sinnbilder für verschiedene Persönlichkeitstypen im Veränderungsprozess und beim Erreichen außergewöhnlicher Ziele. Genau dabei hat der Bergtourist langfristig einige Herausforderungen.

Er muss sich immer wieder dem Stress in langen Warteschlangen an der Gondel aussetzen. Das Essen auf der Alm schmeckt irgendwie auch immer gleich und das Glücksgefühl beim Ankommen auf dem Gipfel lässt immer mehr nach, sobald die Berge und Aussichten nicht immer spektakulärer werden. Früher oder später macht sich beim Bergtouristen immer mehr Frustration breit, vor allem dann, wenn auf den angestrebten Gipfel keine Gondel führt, denn der Bergtourist hasst das Wandern. An der Stelle verzichtet er lieber auf den Aufstieg und gibt sich mit dem zufrieden, was ohne Aufwand schnell erreichbar ist. Er verpasst also im schlimmsten Fall die schönsten und größten Gipfel. Sollte er doch einmal den Weg zu Fuß auf einen Gipfel antreten, dann nur mit dem allergrößten Widerstand und permanentem Fluchen über die Anstrengungen der Wanderung. Gibt es dann während dieser Wanderung unvorhergesehene Veränderungen, gibt der Bergtourist lieber auf und schiebt die Schuld für den gescheiterten Gipfelsturm dem schlechten Wetter oder anderen äußeren Umständen in die Schuhe.

Der Wanderer hingegen erreicht langfristig auch die höchsten und abgelegensten Gipfel, denn er liebt den Prozess dahin. Jede Route ist für ihn neu und birgt immer wieder Überraschungen. Der Wanderer ist schon durch den Weg zum Gipfel erfüllt und lässt sich auch nicht aufhalten, wenn es mal länger dauert. Selbst bei den widrigsten Bedingungen setzt der Wanderer seine Reise fort, denn er weiß, dass beim Wandern nicht immer die Sonne scheinen wird. Der Bergtourist hingegen ist nur zufrieden, wenn er schnell, unkompliziert und ohne Aufwand sein Gipfelfoto bekommt. Am besten geschieht das auch bei strahlendem Sonnenschein, denn ein vernebelter Ausblick ist für den Bergtouristen nichts wert. Gibt es keinen einfachen und schnellen Weg auf den Gipfel, sowie eine Garantie auf blauen Himmel und Sonnenschein, empfindet es der Bergtourist oft auch nicht als notwendig, die Strapazen des Aufstiegs auf sich zu nehmen.

Frage dich an dieser Stelle mal selbst: Bist du ein Bergtourist oder ein Wanderer?

Nicht im Urlaub, sondern in deinem Leben.

Der Weg ist das Ziel. Wenn es dir nur ums Ankommen geht, nur um das Erreichen deines Zieles, dann wirst du nie wirklich glücklich und erfüllt sein. Du wirst selten den Weg bis zu deinen größten Zielen gehen, sondern vorher aufgeben, weil es dir nicht schnell genug geht. Die besten Athleten der Welt sind zwar auch diejenigen mit den größten Zielen, doch sie sind nicht permanent mit diesen Zielen beschäftigt. Nehmen wir zum Beispiel das Ziel, Olympiasieger zu werden. Ein olympischer Zyklus dauert vier Jahre. Der Athlet, der das Ziel hat, Olympiasieger zu werden, kann sich jedoch nicht vier Jahre lang nur mit diesem Ziel beschäftigen und sich wünschen, dass er so schnell wie möglich ankommt. Er muss sich auf das heutige Training konzentrieren, das, was jetzt getan werden muss, damit er überhaupt eine Chance auf Gold hat. Das große Ziel dient dabei nur immer wieder in regelmäßigen Abständen als Orientierung und Motivationsfaktor, doch der tägliche Fokus zukünftiger Olympiasieger liegt einzig und allein auf der nächsten Trainingseinheit.

Auch wenn es ein altbekanntes Sprichwort ist, so steckt doch in „Genieße den Prozess“ eins der wichtigsten Geheimnisse für Glück, Erfüllung und Weiterentwicklung. Der Prozess wird dich immer besser machen, mit neuen Erfahrungen bereichern und oft auch dafür sorgen, dass du viel mehr erreichen kannst, als du anfangs für möglich gehalten hast. Viel wichtiger und langfristig wertvoller, als anzukommen, ist schließlich, zu welcher Person du dabei wirst.

Das gilt auch für deinen Weg hin zu einem Leben im Einklang mit dem Fluss des Lebens, in dem du dich nicht nur unglaublich gut fühlst, sondern auch alle Veränderung mit Leichtigkeit meistern kannst und so die Grundlage für dein permanentes Wachstum und Momente deiner absoluten Bestleistung schaffst.

Ich kann dir nicht versprechen, ob du für diesen Weg einen Monat oder ein Jahr brauchen wirst. Das hängt davon ab, wo du jetzt gerade stehst und wie viel du für deine Weiterentwicklung investieren willst. Wirklich entscheidend ist aber, dass du konstant dranbleibst. Dass deine Handlungen dir immer wieder das Gefühl geben, heute ein kleines Stück besser zu sein als gestern. Solange du diese Entwicklung siehst und bewusst darauf achtest (mehr dazu im nächsten Kapitel), wirst du immer öfter der Wanderer sein und den Weg wirklich genießen können. So bleibst du immer in Bewegung und erreichst langfristig auch die außergewöhnlichsten Ziele.

2.3.
ENJOY THE RIDE

„Do you know what my favorite part of the game is? The opportunity to play.“

- Mike Singletary

Spätestens mit der Analogie des Wanderers solltest du verstanden haben, wie wertvoll es ist, wenn du deinen Weg wirklich genießen kannst. Grundsätzlich erscheint diese Herangehensweise also durchaus hilfreich, vor allem wenn du die Vorteile betrachtest, die sich dadurch für dich ergeben.

Den Prozess genießen zu können, wird dafür sorgen, dass du:

- länger durchhältst und nicht vorzeitig aufgibst.
- dir weniger Sorgen über die Zukunft machst und mehr im Moment lebst.
- mehr auf die Details achtest, anstatt einfach zu deinem Ziel zu rennen.
- deine Resilienz steigerst, weil du trotz aller Umstände einfach immer weiter machst.

Doch wie schaffst du es, den Prozess mehr genießen zu können?
Hier sind einige konkrete Schritte:

Weniger Vergleiche mit deinem großen Ziel

Bleiben wir kurz bei der Analogie des Wanderers. Wenn du während deiner Wanderung alle paar Meter zum Gipfel schaust, dann bekommst du immer wieder den Eindruck, keinen Fortschritt gemacht zu haben. Gerade am Anfang erscheint das Ziel noch sehr weit weg zu sein. Je öfter du dich auf diesen Vergleich konzentrierst, desto schneller wirst du frustriert sein. Das große Ziel darf der Orientierung und Motivation dienen, doch der permanente Vergleich wird deinen Weg dahin nur unnötig schwer machen.

Fortschritt richtig tracken

Anstatt immer den Vergleich zum Gipfel heranzuziehen, solltest du deinen Fortschritt lieber im Abstand von deinem Startpunkt messen. Das bedeutet, du darfst dir Kriterien wählen, die dir unmittelbar zeigen, wie weit du schon gekommen bist. Für den Wanderer könnte das die einfache Messung seiner Schritte oder der gelaufenen Meter sein. Im Alltag ist es vielleicht die Anzahl deiner erledigten Aufgaben am heutigen Tag oder auch die wirklich produktive Arbeitszeit, die du für deine Ziele investiert hast. Diese Zahl steigt stetig an und hilft dir, deinen Fortschritt auch visuell sichtbar zu machen. Diese Sichtbarkeit ist ein enorm wichtiger Faktor, denn solange du nicht wirklich sehen oder fühlen kannst, dass sich etwas positiv in Richtung deiner Ziele verändert, wirst du dich immer wieder in Selbstzweifeln verlieren. Du beginnst dann, deine Ziele zu hinterfragen. Du stellst deine eigenen Fähigkeiten infrage und sabotierst dich selbst. Sind selbst deine kleinsten Fortschritte wahrnehmbar, dann bleibt dir das erspart.

Fokussiere dich auf deine Leistung

Du kannst und solltest das große Ziel für dich definieren, doch im Verlaufe deines Weges können viele unkontrollierbare Faktoren dafür sorgen, dass du dein Ziel erst viel später oder vielleicht gar nicht erreichen kannst. Solange du also nur auf das Endergebnis fokussiert bist, kann es sein, dass du glaubst, gescheitert zu sein, obwohl du eine richtig gute Leistung abgeliefert hast. Der Sport beweist das immer wieder. Du kannst als Athlet natürlich das Ziel haben, deinen Wettkampf zu gewinnen, doch alles, was du dafür tun kannst, ist deine beste Leistung zu zeigen. Ob die am Ende für den Sieg reicht, ist auch abhängig von anderen Faktoren, die du nicht kontrollieren kannst. Sven Hannawald hat auf dem Weg zu seinem historischen Sieg bei der Vierschanzen-tournee mal gesagt: „Ich will hier geile Sprünge abliefern, der Rest ist mir schei*egal." Er wusste genau, dass es nur einen Sprung mit schlechten Windverhältnissen braucht, und schon wäre das Endergebnis in Gefahr gewesen. Alles, was er kontrollieren konnte, war die Qualität seiner Sprünge. Ein ähnliches Statement hat auch Sebastian Vettel auf dem Weg zu einem seiner Weltmeistertitel in der Formel 1 gemacht: „Ich will schnelle Runden fahren, das ganze Drumherum interessiert mich eher weniger." Auch ihm war bewusst, dass es nur einen Fahrfehler eines Gegners oder ein taktisches Missgeschick seines Teams braucht, und schon wären seine Siegeschancen dahin. Solange du nur auf das Ergebnis fokussiert bist, wirst du den Prozess nicht genießen können. Alles, was dir dafür bleibt, ist deine persönliche beste Leistung.

Weniger Ablenkungen

Je mehr Ablenkungen du hast, desto mehr gerät deine Entwicklung in den wichtigsten Bereichen ins Stocken. Durch jede Ablenkung verlierst du immer wieder den Fokus und bleibst stehen. Es ist schön, wenn du während deiner Wanderung die wundervolle Natur um dich herum wahrnimmst, wenn du jedoch bei jeder Blume, jedem Baum oder jeder Sitzmöglichkeit Halt machst, kommst du nur sehr schleppend voran. Je weniger Ablenkungen du hast, desto besser kannst du all deine Ressourcen für deinen Fortschritt nutzen.

Setze klare Prioritäten

Ablenkungen vermeiden zu wollen, bedeutet auch, dass du genau weißt, was für dich gerade das Wichtigste ist. Der Wanderer ist primär auf seinem Weg, um in eine bestimmte Richtung zu laufen. Sein Ziel ist es in dem Moment nicht, mit jeder anderen Person, der er begegnet, ewig Smalltalk zu halten. Er ist auch nicht unterwegs, um immer wieder vom Weg abzukommen und in den Wäldern Pilze zu sammeln. Verstehst du, was ich meine? Du darfst für deinen Weg klare Prioritäten definieren, sodass du jederzeit weißt, was deine Aufmerksamkeit verdient hat und was nicht.

Belohne dich für deine Fortschritte

Belohnungen sind gleich aus zweierlei Hinsicht ein kritischer Punkt. Zum einen sind sie für unser Gehirn unglaublich wichtig, um langfristig an etwas dranzubleiben. Andererseits sorgen die falschen Belohnungen auch immer wieder dafür, dass deine Entwicklung nicht den gewünschten Verlauf nimmt. Was sind also die richtigen Belohnungen? Es sind Dinge, die dir ein gutes Gefühl geben, dich allerdings nicht faul und träge machen. Im Gegenteil, die richtigen Belohnungen sorgen oft sogar dafür, dass du den weiteren Weg anschließend mit noch mehr Elan gehen kannst. Vor allem solltest du die Belohnungen wohl dosieren. Du brauchst nicht nach jedem Schritt eine Belohnung, obwohl du sie sogar in Form eines kleinen Dopamin-Kicks bekommen könntest, wenn du jeden einzelnen Schritt aufzeichnen würdest. Gehen wir aber noch einmal zurück zum Wanderer. Auf dem Weg zum Gipfel kommst du an unzähligen Sitzmöglichkeiten und Almhütten vorbei. Wenn du jetzt allerdings auf jeder Bank erst einmal 30 Minuten Pause machst und jede Almhütte nutzt, um dir den Bauch vollzuschlagen und ein kühles Bier zu trinken, dann endet deine Wanderung, bevor sie überhaupt richtig begonnen hat. Wohldosiert geben dir diese Belohnungen jedoch immer wieder Energie für den weiteren Weg. Im Alltag können das natürlich verschiedenste Tätigkeiten sein. Eine meiner Lieblingsbelohnungen ist beispielsweise eine gute und ausgiebige Massage nach ein oder zwei Wochen fokussierter Arbeit. Manchmal sind es jedoch auch nur Kleinigkeiten, wie ein leckeres Stück Kuchen, das ich mir hin und wieder gönne.

Selbstreflexion

Wie der Name es schon sagt, bedeutet Selbstreflexion nichts anderes, als dich selbst zu reflektieren. Dein Handeln, deine Gedanken, deine Gefühle, deine Reaktionen auf bestimmte Situationen. Selbstreflexion gibt dir einen immer besseren Einblick in deine Persönlichkeit und dein Verhalten. Und je besser du dich selbst kennst, desto leichter kannst du auch Veränderungen wahrnehmen. Gerade die kleinen Verbesserungen in deinem Denken und Handeln gehen im Alltag oft unter. Du nimmst sie einfach nicht wahr. Selbstreflexion ändert das. Allein wenn du dir regelmäßig Zeit nimmst, um deinen Tag oder deine Woche in einem Journal zu reflektieren, werden dir diese wenigen Minuten immer wieder dabei helfen, auch kleine Veränderungen wahrzunehmen. Ein wichtiger Schritt, um deinen Prozess mehr genießen zu können.

Den Prozess immer weiter optimieren

Auf deiner ersten Wanderung bist du wahrscheinlich noch nicht optimal ausgerüstet. Du hast noch nicht die passenden Schuhe für dich gefunden. Du hast deine Regenjacke vergessen und deine Verpflegung könnte noch ein Upgrade gebrauchen. Je nach Gegebenheiten könnte deine Wanderung damit etwas beschwerlicher sein als notwendig. Spätestens bei der zweiten Wanderung hast du jedoch die Chance, es besser zu machen. Dieses Mal hast du die für dich perfekten Schuhe gefunden, die du sogar bereits eingetragen hast. Du bist auf schlechtes Wetter vorbereitet und selbst ohne verfügbaren Zwischenstopp würde dir deine Verpflegung dabei helfen, deine Wanderung mit maximaler Energie durchzustehen. Schon wird der Weg viel leichter und du kannst ihn mehr genießen. Auch in deinem Alltag gibt es immer wieder Abläufe, die optimiert werden können. Gerade wenn es um Basics wie Ernährung, Schlaf, Bewegung oder Produktivität geht, kannst du dich jederzeit weiterentwickeln. Je mehr du deinen Prozess optimierst, desto leichter wird er und desto mehr kannst du ihn genießen.

Kein Druck, den Prozess immer genießen zu müssen

Der letzte Tipp scheint zunächst vielleicht weniger hilfreich zu sein, macht jedoch einen entscheidenden Unterschied. Den Prozess zu genießen, bedeutet nicht, dass du jede Sekunde davon lieben musst. Dieses Streben wäre lediglich von Perfektionismus getrieben und von Anfang an zum Scheitern verurteilt. Es wird immer wieder Momente geben, da wirst du den Prozess nicht mögen. Du wirst ihn vielleicht sogar hassen und dich fragen, warum du dir das antust. Wenn du dagegen kämpfst, machst du es dir unnötig schwer. Diese Momente zu akzeptieren, in dem Wissen, dass sie auch wieder vergehen, gibt dir mehr Leichtigkeit.

Ich bin Ende 2021 bei meinem ersten Ultramarathon auf Zypern an den Start gegangen. Ich wusste, was auf mich zukommt. Ich kannte einen Großteil der Strecke bereits und hatte in den Wochen davor wirklich gut trainiert. Am Wettkampftag selbst hatten wir anfangs perfektes Wetter. Nicht zu warm, Sonnenschein, die beste Grundlage also, um so einen Ultramarathon wirklich genießen zu können. Zumal ich mir kein konkretes zeitliches Ziel gesetzt hatte. Ich wollte einfach nur meine beste

Leistung zeigen. Doch im Laufe des Rennens ist auch bei mir, trotz aller mentalen Techniken, irgendwann der Spaß verloren gegangen. Ungefähr 35 Kilometer vor dem Ziel wurde es immer nebliger, im Anschluss hat es angefangen, wie aus Eimern zu schütten, es gab ein kurzes Gewitter, und als ob das nicht genug wäre, sind die Temperaturen so in den Keller gerauscht, dass es auf dem Zielanstieg zum Olympos, dem höchsten Berg auf Zypern, geschneit hat. Letztendlich bin ich nach knapp acht Stunden auf Platz 10 ins Ziel gekommen. Habe ich jede Sekunde dieses Rennens genossen? Definitiv nein. Gerade der letzte Anstieg über mehr als fünf Kilometer war teilweise einfach nur ein Kampf gegen mich selbst. Insgesamt betrachtet habe ich diese erste Erfahrung bei einem Ultramarathon allerdings extrem genossen und ich werde es wieder tun. Nur weil es hilfreich ist, den Gesamtprozess genießen zu können, musst du dich nicht unter Druck setzen, jede einzelne Sekunde genießen zu müssen.

Folgst du diesen Schritten, wird sich automatisch schon mehr Freude und Leichtigkeit in deinem Leben breitmachen. Es sei denn, du bist nicht in der Lage, deine Vergangenheit und den jetzigen Moment so zu akzeptieren, wie sie sind.

2.4.
ZUSAMMENFASSUNG

Wichtigste Punkte:

- Erst darfst du die Steine beiseite räumen, die den Fluss des Lebens blockieren, und im Anschluss kannst du immer mehr Flow-Momente erleben und gezielt abrufen.

- Sehr viel der Schwere im Alltag entsteht nur, weil du permanent im Widerstand bist. Du wirfst deinen Anker, weil das, was dir gerade gefällt, ein Ende findet, oder du baust eine Staumauer, weil am Horizont langsam die nächste Herausforderung aufzieht.

- Der Wanderer hingegen erreicht langfristig auch die höchsten und abgelegensten Gipfel, denn er liebt den Prozess dahin. Er ist schon durch den Weg zum Gipfel erfüllt und lässt sich auch nicht aufhalten, wenn es mal länger dauert.

- Solange du nur auf das Ergebnis fokussiert bist, wirst du den Prozess nicht genießen können. Alles, was dir dafür bleibt, ist deine persönliche beste Leistung.

3.0.

DER UNVERÄNDERLICHE LAUF DER DINGE

„Billions of things are going on in this world. You can think about it all you want, but life is still going to keep on happening."

- Michael A. Singer

Die Vorbereitung auf die Olympischen Spiele in Tokyo war für viele Athleten eine extrem schwierige Phase. Nach vier Jahren der Vorbereitung gab es im Frühjahr 2020 die Ernüchterung nach der Verschiebung der Spiele. Die Monate danach waren geprägt von Unsicherheit, eingeschränkten Trainingsmöglichkeiten, weiteren Absagen und viel Leere. Viele Situationen also, die dazu einladen, Widerstand zu leisten und gegen die äußeren Umstände zu kämpfen. Diesen Widerstand aufzulösen und dennoch wieder eine gewisse Leichtigkeit zu finden, war in dieser Zeit in allen meiner Coachings ein omnipräsentes Thema.

Doch wie gelingt dir dieser Schritt?

Du hörst auf, Staumauern in deinem Leben zu bauen oder immer wieder den Anker zu werfen, sobald du wirklich verstanden hast, dass du den Fluss des Lebens nicht aufhalten kannst und Veränderung dein ständiger Begleiter ist. Alles in deinem Leben verändert sich, immer, permanent. Der Moment, den du gerade noch als das Hier und Jetzt wahrgenommen hast, ist jetzt schon wieder Vergangenheit. Laut Neurowissenschaften dauert das von uns wahrgenommene „Jetzt" nur knapp drei Sekunden. Anschließend wird daraus bereits wieder die Vergangenheit.

Da du aktuell noch nicht in der Lage bist, Zeitreisen durchzuführen und damit aktiv Einfluss auf die Vergangenheit zu nehmen, verhilft dir bereits ein ganz einfaches Sprichwort zu unglaublich viel Gelassenheit.

„It is what it is!“ – Es ist, wie es ist.

Wahrscheinlich denkst du dir jetzt gerade, dass das viel zu einfach ist. Ich kenne das. Ich habe selbst jahrelang dagegen angekämpft und immer wieder an Ereignissen aus meiner Vergangenheit festgehalten. Genauso geht es oft auch meinen Kunden am Anfang unserer Zusammenarbeit. Veränderung in der Zukunft scheint für uns oft unglaublich schwer erreichbar zu sein, weil uns die Vergangenheit im Weg steht.

Wir sehen alle Rückschläge der letzten Jahre. Wir sehen unsere Fehler, unsere Kritiker, unsere schwachen Momente, unsere schlechte Ausgangsposition, die Lücken im Lebenslauf und die fehlenden Ressourcen. Was wir dabei jedoch ganz vergessen, ist, dass all das in der Vergangenheit liegt. Du kannst für den Rest deines Lebens deine Vergangenheit dafür verantwortlich machen, wer du bist, was du erreicht hast und warum es nie für deine großen Träume und Veränderungen gereicht hat, doch letztendlich ist das nur eine Ausrede. Die Vergangenheit definiert weder deine Gegenwart noch deine Zukunft. Es sei denn, du erlaubst es. Das gilt auch für die Geschehnisse deines täglichen Lebens.

Du bist noch immer wütend, weil dir heute Morgen auf dem Weg zur Arbeit jemand die Vorfahrt genommen hat? In dem Moment kann das sicher ein emotionales Thema sein. Doch bereits wenige Sekunden später war das schon Teil der Vergangenheit. Du aber hast dich dazu entschlossen, dass dir das nicht gefällt und du dich jetzt gerne für den Rest des Tages darüber aufregen möchtest, sodass du nicht nur 3 Sekunden wütend bist, sondern drei Stunden oder mehr.

Es passieren ständig Dinge, die dir potenziell nicht gefallen und die dich dazu verleiten, in der Vergangenheit hängenzubleiben. Auch im Sport ist das ein riesiges Thema. Sportarten wie Fußball, Basketball, Volleyball oder Tennis sind „Fehlersportarten". Als Athlet dieser Disziplinen wirst du automatisch Fehler machen. Es geht gar nicht anders. Athleten, denen es nicht gelingt, die Vergangenheit, in dem Fall den letzten Fehler, zu akzeptieren und abzuhaken, werden langfristig nie zu den Besten gehören. Die besten Athleten der Welt dieser „Fehlersportarten" sind jederzeit voll fokussiert auf den jetzigen Moment und die nächste Aktion, völlig egal, was vorher passiert ist. Schließlich kann die Vergangenheit nicht mehr geändert werden. Im Hier und Jetzt hast du jedoch die Möglichkeit, anders zu denken, dich anders zu verhalten und andere Ergebnisse zu erzielen.

Grundvoraussetzung dafür ist allerdings, dass du die Vergangenheit akzeptieren kannst. Genau dadurch wird dieser einfache Satz so kraftvoll:

Es ist, wie es ist. – „It is what it is."

Wenn du diese Mentalität wirklich verinnerlicht hast, gibt dir das in schwierigen Situationen einen fast schon unfairen Vorteil.

Überlege mal selbst: Wie oft beschwerst du dich aktuell noch über Ereignisse, die schon längst passiert sind? Und wie oft begegnest du anderen Menschen, die sich genauso verhalten?

Und jetzt stell dir vor, du kannst dieses Verhalten gänzlich ablegen. Du hältst dich nicht mehr an der Vergangenheit fest. Du kämpfst nicht mehr gegen das, was bereits geschehen ist, sondern du nutzt all deine Energie, um aus deiner aktuellen Situation das Beste zu machen. Denn genau darum geht es letztendlich.

Das Beste aus dem zu machen, was du jetzt hast. Die Tennislegende Arthur Ashe hat einmal gesagt:

„Start where you are. Use what you have. Do what you can."

Es geht nicht darum, dass etwas passiert ist, sondern darum, wie du jetzt damit umgehst und was du aus deiner Situation machst. Im Großen – wie im Kleinen.

Als ich mit 25 mein Studium abgebrochen habe, weil ich für mich darin keine Zukunft mehr gesehen habe, stand ich komplett mit leeren Händen da. Eigentlich sogar mit weniger. Nachdem sich mein Traum vom Profifußball bereits mit 14 Jahren in Luft aufgelöst hatte, war nun auch meine alternative Berufswahl gescheitert. Ich hatte 7 Jahre meines Lebens verschwendet, um einem Weg zu folgen, der gar nicht meiner war. Meine erste große Liebe war gerade in die Brüche gegangen. Mein bester Freund zu dieser Zeit war die Bierflasche und dank meines ausufernden Lifestyles während der Studentenzeit hatte ich fast € 30.000 Schulden. Ganz abgesehen davon, dass ich noch immer keine Ahnung hatte, was ich mit meinem Leben eigentlich anfangen sollte. Genau in dieser Zeit habe ich zum ersten Mal gemerkt, wie kraftvoll es sein kann, die Vergangenheit zu akzeptieren.

„It is what it is."

Mir ist damals bewusst geworden, dass ich diesen Scherbenhaufen, der vor mir lag, jetzt für den Rest meines Lebens als Ausrede nutzen kann, oder dass ich daraus etwas Wunderschönes erschaffen kann. So wie in der japanischen Kintsugi-Tradition. Wenn in Japan eine Tasse zu Bruch geht, dann wird der Scherbenhaufen nicht einfach zusammengekehrt und in den Müll geschmissen. Nein, die Japaner nehmen die Scherben und kleben sie wieder zusammen. Doch sie nutzen dafür nicht einfach nur einen Billigkleber. Sie vermengen den Kleber mit Goldpulver. So werden die Bruchkanten nicht nur herausgehoben und die Fehler wertgeschätzt, sondern die zuvor zerbrochene Tasse ist nun noch mehr wert. Für mich ist das eine wundervolle Analogie fürs Leben. Du nimmst all das, was in deinem Leben passiert ist, mitsamt allen Fehlern und Rückschlägen, und du erschaffst daraus etwas viel Schöneres. Du ärgerst dich nicht wochenlang über die kaputte Tasse, die jetzt anders aussieht als alle anderen. Du versuchst nicht, die Makel zu verstecken, sondern du betonst sie sogar noch. So gibst du dir selbst immer wieder die Möglichkeit, aus deiner jetzigen Situation das Beste zu machen.

Ein Paradebeispiel für die Umsetzung dieser Philosophie ist Alessandro Zanardi. Während eines schweren Unfalls bei einem Champ-Car-Rennen auf dem Lausitzring verlor Alessandro Zanardi 2001 beide Beine und musste siebenmal wiederbelebt werden. Ein paar Jahre nach dem Unfall fuhr er die 13 Runden, die ihm auf dem Lausitzring noch gefehlt hatten, in einem umgebauten Fahrzeug zu Ende. Anschließend holte er als erster beinamputierter Pilot Siege für BMW in der DTM. 2012 gewann er als Handbiker bei den Paralympischen Spielen in London zweimal Gold im Einzelrennen und im Zeitfahren. 2016 in Rio fügte er eine Gold- sowie eine Silbermedaille hinzu. Auch den Ironman auf Hawaii hat er erfolgreich beendet. Er selbst hat über seinen Unfall und die anschließenden Tage in einem Berliner Krankenhaus Folgendes gesagt: „Berlin ist die Stadt, in der mein Leben gerettet und in der ich ein zweites Mal geboren wurde.“ In dieser Aussage steckt kein Kampf gegen die Vergangenheit. Ganz im Gegenteil. Alles, was Alessandro Zanardi nach seinem Unfall erreicht hat, ist ein Beweis für seine Akzeptanz der Vergangenheit und sein Bestreben, daraus das Beste zu machen.

Alessandro Zanardi ist keine Ausnahme. Seine Leistungen sind beeindruckend und inspirierend, doch er ist auch nur ein Mensch wie du und ich. Den Unterschied macht an dieser Stelle einzig und allein seine Einstellung. Die Art und Weise, wie er die Realität betrachtet. Genau das kannst du auch jederzeit bei dir ändern. Die Grundlage dafür sind fünf kleine Worte:

Es ist, wie es ist.

Wenn du das verinnerlicht hast, kannst du jede Situation zu deinem Vorteil verändern. Bleibt natürlich noch die folgende Frage: Wie gelingt es dir jetzt, diese Einstellung zu entwickeln, alte Verhaltensmuster zu beenden und dich zukünftig anders zu verhalten?

Die drei wichtigsten Grundlagen dafür sind **Selbstbewusstsein, Achtsamkeit und Kontrolle.**

Lass uns gerne alle drei der Reihe nach betrachten.

3.1.
SELBSTBEWUSSTSEIN

„One of the keys to harnessing this potentially unlimited power of the mind is to expand your level of self-awareness."

- Deepak Chopra

Umgangssprachlich verwechseln wir oft Selbstbewusstsein und Selbstvertrauen. Wenn wir darüber sprechen, dass wir mit breiter Brust und einem starken Glauben an uns selbst durchs Leben gehen wollen, dann sprechen wir eigentlich von Selbstvertrauen, nicht von Selbstbewusstsein. Die deutsche Sprache ist da glücklicherweise sehr direkt und macht dir auch recht schnell klar, worum es sich bei den beiden Begriffen dreht. Selbstvertrauen ist die Fähigkeit, dir selbst und deinen Fähigkeiten zu vertrauen, und obwohl das natürlich eine enorm wichtige Eigenschaft ist, spielt sie an dieser Stelle noch keine Rolle. Wir kommen also später darauf zurück.

Selbstbewusstsein hingegen ist die Fähigkeit, dir deiner selbst, deiner Gedanken, deiner Handlungen bewusst zu sein. Bedeutet ganz einfach gesagt, du weißt, was du denkst, wie du dich in bestimmten Situationen verhältst und wer du als Persönlichkeit bist. Genau das ist der Ausgangspunkt für deine Veränderung.

Denn wie willst du etwas verbessern, wenn du gar nicht weißt, was du verbessern solltest?

Es geht also im ersten Schritt darum, zu erkennen, was aktuell deine täglichen (mentalen) Herausforderungen sind und in welchen Situationen du dir das Leben immer wieder unnötig schwer machst.

In welchen Situationen fühlst du dich besonders gestresst?

Welche äußeren Impulse triggern und belasten dich immer wieder?

Welche Sorgen, Zweifel und Ängste kommen immer wieder in deinen Gedanken zum Vorschein?

In welchen Momenten fällt es dir besonders schwer, ruhig und gelassen zu bleiben?

Was sind die Gedanken, die dich nachts nicht schlafen lassen?

Vor welchen Herausforderungen stehst du scheinbar immer und immer wieder?

Was dir zum Start wirklich hilft, ist ein umfassender Überblick über dein Leben, deine täglichen Gedanken, deine dominierenden Gefühle und dein Verhalten. In meinem „früheren" Leben habe ich Nanotechnologie studiert und auch hier war es immer erst einmal wichtig, ein System in allen Einzelheiten zu verstehen, bevor du darauf Einfluss nehmen und es verändern kannst. Natürlich kannst du auch blind drauflos optimieren und einfach die erstbesten Tipps und Routinen umsetzen, doch letztendlich ist das nur ein Glücksspiel. Vielleicht findest du tatsächlich direkt den passenden Ansatz für dich, viel öfter aber wahrscheinlich nicht. Dir dessen bewusst zu sein, was dir in deinem Leben aktuell noch die Leichtigkeit, den Fokus und die Energie raubt, macht es für dich viel einfacher, dich wirklich gezielt zu verbessern.

In den Erstgesprächen zum Start meines Coachings höre ich oft Aussagen wie: „Ich möchte gerne mental stärker werden!" Grundsätzlich ist das natürlich keine schlechte Intention, doch mentale Stärke hat viele Formen und ist viel zu breit gefächert, um direkt die richtigen Lösungsansätze zu wählen. Das, was du wirklich willst, basiert auf deinen aktuellen Herausforderungen und lässt sich mit dem nötigen Selbstbewusstsein viel präziser formulieren. Mental stärker zu werden, kann bedeuten, dass du in Druck- und Stresssituationen gelassener bleiben möchtest. Es könnte jedoch genauso gut bedeuten, dass du besser darin werden möchtest, Ablenkungen auszublenden, sodass du deinen Fokus verbessern kannst. Vielleicht wünschst du dir aber auch einen besseren Umgang mit Fehlern und Rückschlägen. In allen drei Fällen verbesserst du deine mentale Stärke, doch du brauchst unterschiedliche Strategien und Lösungen, um dein Ziel zu erreichen.

Selbstbewusstsein ist also die Grundlage für deine gezielte Weiterentwicklung und zum Start darfst du es hier einfach halten. Es geht nicht darum, dass du jetzt direkt jede Minute deines Lebens und jeden Gedanken analysierst, um bis ins Detail jedes Entwicklungspotenzial bei dir zu erkennen. Dieses tiefe Bewusstsein und der Blick für die Details kommen mit der Zeit von ganz allein. Um es nicht zu komplex zu machen und dich nicht zu überfordern, darfst du mit dem Offensichtlichen beginnen.

Was sind aktuell deine drei größten, mentalen Herausforderungen?

Welche drei Denk- oder Verhaltensweisen machen dir das Leben immer wieder unnötig schwer?

That's it. Starte mit dem, was dir für deine mentale Gesundheit und Leistungsfähigkeit den größten Hebel gibt. Die Erfahrung hat gezeigt, dass den meisten Menschen diese größten Herausforderungen schon bewusst sind.

Das heißt, du musst dir nicht erst Hunderte Male die Frage stellen: „Wer bin ich und wie verhalte ich mich?", um zu erkennen, was du noch besser machen kannst. Du startest mit dem, was jetzt für dich schon offensichtlich ist, und entwickelst dich von da aus weiter. Wenn du dich diesem Prozess wirklich verschreibst und wie der Wanderer den Weg genießen kannst, dann wirst du automatisch immer neue Potenziale bei dir entdecken. Ich hatte in den letzten zehn Jahren so viele Momente, in denen ich dachte: „Wow, das war jetzt der entscheidende Durchbruch.", nur um dann einige Zeit später festzustellen, dass es dahinter noch viel mehr zu entdecken gibt und ich immer noch weiter an mir arbeiten darf. Es ist ein Spiel, dass du für den Rest deines Lebens spielen darfst, und alles, was du dafür tun musst, ist im Spiel zu bleiben. Wenn dir das gelingt, dann wirst du dich im Laufe des Spiels immer besser fühlen und sowohl mental als auch emotional immer mehr Freiheit erleben.

Nachdem du jetzt also deine aktuell größten Herausforderungen erkannt hast, sollte es im nächsten Schritt natürlich das Ziel sein, genau diese Herausforderungen zu lösen. Was uns automatisch zu der, meiner Meinung nach, wichtigsten Eigenschaft für mentale Gesundheit und Leistungsfähigkeit bringt:

Achtsamkeit.

3.2.
ACHTSAMKEIT

„The hardest thing, after all the work and all the time spent on training and technique, is just being fully present in the moment."

- George Mumford

Seit dem Frühjahr 2022 veranstalten wir bei meinem Unternehmen im Sport, PRO MIND ATHLETE, mindestens einmal pro Monat einen Workshop, um möglichst vielen Athleten einen Einblick in das mentale Training zu geben. Dabei stelle ich den Teilnehmern unter anderem auch immer folgende Frage:

„Was ist deiner Meinung nach die wichtigste mentale Eigenschaft für sportliche Höchstleistungen?"

Selbst unter den Hunderten von Athleten, die bisher an den Workshops teilgenommen haben, sind die Antworten meist recht ähnlich: Selbstvertrauen, fokussiert zu sein, der Glaube an sich selbst, ruhig bleiben zu können, und noch einige weitere.

Eine Antwort ist nahezu nie dabei: Achtsamkeit.

Dabei ist genau das nicht nur die wichtigste Grundlage, sondern auch die eine Eigenschaft, die alles andere viel einfacher macht.

Per Definition ist Achtsamkeit erst einmal nichts weiter als die Fähigkeit, völlig präsent im Hier und Jetzt zu sein, wahrzunehmen, was jetzt gerade wirklich passiert, ohne diese Geschehnisse direkt zu bewerten.

Völlige Präsenz im jetzigen Moment.

Klingt erst einmal nicht so weltbewegend.

Bei genauerer Betrachtung steckt dahinter allerdings so viel mehr.

Lass uns das mal einzeln betrachten.

Beginnen wir mit der Präsenz im Hier und Jetzt.
Überlege mal selbst: Wie oft bist du gedanklich wirklich bei dem, was du gerade tust? Und wie oft bist du gedanklich in der Vergangenheit oder Zukunft unterwegs?

Ich würde behaupten, dass sich das gedankliche Leben vieler Menschen selten wirklich im Hier und Jetzt abspielt.

Du denkst darüber nach, was gestern alles passiert ist, was dein Partner heute Morgen zu dir gesagt hat, was du auf dem Weg zur Arbeit gehört oder gesehen hast. Du erinnerst dich an den Film von gestern Abend. Du steckst gedanklich noch immer im letzten Meeting fest. Du denkst aber auch immer wieder an die jüngeren Fehler und Rückschläge der Vergangenheit.

„Warum musste das ausgerechnet mir passieren?"

In ähnlicher Art und Weise schweifen deine Gedanken immer wieder in die Zukunft ab.

Du denkst darüber nach, was du nach der Arbeit noch alles erledigen musst. Du denkst an den riesigen Berg an Aufgaben, der noch vor dir liegt. Vielleicht sehnst du dich auch nach dem Feierabend, weil du heute Abend noch etwas Schönes vorhast.

Du machst dir aber auch immer wieder Sorgen über die Zukunft. Deine Zukunft.

„Was ist, wenn du die falsche Entscheidung getroffen hast? Was ist, wenn dir noch einmal derselbe Fehler passiert? Was ist, wenn du deinen Job oder einen wichtigen Kunden verlierst?"

Nichts davon passiert jetzt gerade wirklich, doch für dich fühlt es sich gerade verdammt echt an. Im schlimmsten Fall lebst du permanent in diesem Negativszenario deiner Zukunft und baust so immer mehr Ängste auf.

Bei all den Gedanken an die Vergangenheit oder Zukunft geht eins komplett verloren: Der jetzige Moment. Dabei ist genau dieser der Wichtigste.

Kennst du diese Momente, in denen du beispielsweise in der Bahn, im Bus oder im Auto sitzt, eigentlich eine längere Fahrt vor dir hast und plötzlich feststellst, dass du schon angekommen bist.

Wie das so schnell gehen konnte? Ganz einfach: Du hast dich in deinen Gedanken verloren.

Per se ist das nicht der falsche Weg. Du kannst durchaus davon profitieren, gedanklich in die Vergangenheit oder Zukunft zu wandern, doch dafür braucht es klare Intentionen, die wir uns später anschauen. Grundsätzlich gilt jedoch, wenn deine Gedanken an die Vergangenheit oder Zukunft dafür sorgen, dass du dich schlecht fühlst, dann darfst du deinen gedanklichen Fokus verändern.

Das bedeutet, du darfst wieder lernen, wirklich präsent zu sein, bei dem, was jetzt gerade passiert. Im Hier und Jetzt präsent zu sein, hat für dich enorme Vorteile.

Der jetzige Moment ist der einzige Moment deines Lebens, in dem du wirklich etwas verändern kannst. Deine Vergangenheit ist Geschichte und deine Zukunft ist noch nicht hier. Genau betrachtet lebst du ohnehin nur im Hier und Jetzt. Vergangenheit und Zukunft sind nur Konstrukte, die in unseren Köpfen existieren. Oder warst du schon mal physisch in der Vergangenheit oder Zukunft? Du bist immer nur im Hier und Jetzt. Dein ganzes Leben spielt sich nur in diesem einen Moment ab, dem jetzigen Moment. Umso wichtiger ist es, dass du lernst, diesen Moment für dich zu nutzen. Auch weil er dir viele Probleme ersparen kann. Das gilt vor allem für deine negativen Emotionen und Gedanken. Nahezu alle Emotionen, die wir eher als negativ einordnen würden, werden durch die Vergangenheit oder Zukunft verursacht, nicht durch das Hier und Jetzt.

- Du bist wütend, weil dein Kollege gestern deine E-Mail ignoriert hat und dir wichtige Informationen für das Kundengespräch heute gefehlt haben.

- Du bist frustriert, weil deine aktuelle Aufgabe länger dauert, und du jetzt schon weißt, dass du heute später Feierabend machen wirst.

- Du schämst dich für Dinge, die du in der Vergangenheit getan hast, und willst deshalb ungern darüber reden.

- Du hast Angst vor dem nächsten wichtigen Meeting und fühlst dich unsicher, weil du fürchtest, Fehler zu machen.

Das heißt, ohne eine bewusste Kontrolle sind deine Gedanken an die Vergangenheit und Zukunft oft nur eine unnötige Belastung für dich.

Im Hier und Jetzt hingegen ist relativ wenig von diesen Belastungen wahrnehmbar.

Das Kundengespräch hast du jetzt auch ohne die Informationen deines Kollegen überstanden. Es ist also vorbei. Die Aufgabe, an der du gerade arbeitest, kann jetzt gerade immer noch schneller abgeschlossen werden, sodass du pünktlich Feierabend machen kannst. Das, wofür du dich schämst, ist längst passiert und du tust es nicht jetzt gerade. Dein wichtiges Meeting hat noch nicht stattgefunden. Also kannst du dich jetzt noch besser darauf vorbereiten.

Im Bereich der Persönlichkeitsentwicklung sprechen wir so oft von Potenzialentfaltung und dem Wunsch, unser volles Potenzial nutzen zu können. Das gilt natürlich auch für den Sport. Doch eins ist klar: Solange du gedanklich nicht zu 100 Prozent im Hier und Jetzt präsent bist, wirst du dein volles Potenzial niemals nutzen können. Dann fehlen dir immer die letzten paar Prozent, die in deinen Gedanken an die Vergangenheit oder Zukunft verloren gehen.

Im Sport sind das oft genau die Wettkämpfe, bei denen ein Athlet einen sicher geglaubten Vorsprung dann noch unerwartet hergibt. Warum passiert das? Unter anderem, weil der Athlet anfängt, über den Sieg nachzudenken. Er verliert sich gedanklich in der Zukunft, obwohl das Ziel noch gar nicht erreicht ist. Somit geht der Fokus im jetzigen Moment verloren, die entscheidenden Prozentpunkte der Leistung fehlen und die Konkurrenz holt auf. Wenn es dem Athleten in dem Moment gelingt, weiter achtsam zu bleiben, dann kann er sich am Ende auch mit dem Sieg belohnen.

Das gilt natürlich auch abseits des Sports. Achtsamkeit ist die Grundlage für echtes Glück, für Zufriedenheit, für Gelassenheit, aber eben auch für deine besten Leistungen und das Erreichen deiner Ziele.

Um das noch klarer zu machen, dürfen wir uns den zweiten Teil der Definition von Achtsamkeit anschauen.

Wahrnehmen, was jetzt gerade passiert.

Wie willst du etwas verändern bzw. verbessern, ohne zu wissen, was die Ausgangslage ist?

Stellen wir uns mal vor, das Navi im Auto würde auf dieser Grundlage arbeiten. Du würdest nur ein Ziel eingeben, aber es gibt zeitgleich keine Standortbestimmung. Auch während der Fahrt checkt das Navi nicht, wo du dich gerade befindest, ob du falsch abgebogen bist oder im Stau gelandet bist. Dir wird einfach nur das Ziel angezeigt.

In diesem Szenario wäre das Navi für dich vollkommen nutzlos. Es könnte dir nie eine Route anzeigen, da dein aktueller Standort unbekannt ist.

So ist es auch im Alltag. Du kannst dir natürlich das Ziel setzen, gelassener zu sein, fokussierter zu sein, oder besser auf deine Energie zu achten, doch wenn du im Laufe des Tages nicht wahrnimmst, wie es dir aktuell geht, was du gerade tust und welche Gedanken dir gerade durch den Kopf gehen, dann ist das eben nicht mehr als ein nobles Ziel. Du wirst keine Chance haben, das zu erreichen, geschweige denn aufrechtzuerhalten.

Wahrzunehmen, was jetzt gerade passiert, gibt dir die Möglichkeit, deinen mentalen, emotionalen und körperlichen Zustand immer wieder anzupassen. Du erkennst die Momente, in denen du wieder in alte, ungewollte Denk- und Verhaltensmuster zurückfällst. Du achtest auf deine Energie und kannst gezielte Pausen nehmen. Du kannst dich selbst im Alltag immer wieder in Richtung deines Ziels lenken. Erst damit bekommt das Navi wirklich einen Mehrwert für dich. Das Navi ist nicht dafür da, dir zu sagen, wo du hinwillst. Du kennst dein Ziel. Das Navi ist dafür da, dir den besten Weg zu zeigen, dich immer wieder darauf hinzuweisen, wenn du von diesem Weg abgekommen bist, und neue Routen zu finden, wenn es Schwierigkeiten gibt. Dafür braucht es eine regelmäßige Standortbestimmung, am besten in Echtzeit. Im Hier und Jetzt.

Das heißt also, Achtsamkeit ist die Basis, um überhaupt von all den Strategien und Techniken, die du auch hier in diesem Buch lernst, zu profitieren. Wie heißt es so schön: Nur angewandtes Wissen ist wirklich Macht. Ich würde sogar noch weiter gehen und sagen: „Nur richtig angewandtes Wissen ist Macht." Was bringen dir die besten Techniken und Strategien der Welt, wenn du sie nicht auch zur richtigen Zeit anwenden kannst? Ohne die Wahrnehmung deines Verhaltens, deiner Gedanken und Gefühle im Hier und Jetzt wirst du immer wieder die richtigen Momente zur Anwendung deines Wissens verpassen. Es wird dir dann immer erst im Nachhinein auffallen, dass du vielleicht die Hilfe einer kleinen Übung gebraucht hättest. So entsteht wieder nur unnötige Frustration, weil du doch nicht im Alltag von deinem Wissen profitierst. Im schlimmsten Fall kommst du dann zu dem Schluss, dass dein aktuelles Wissen doch noch nicht ausreicht und alle bisherigen Strategien nutzlos sind. Du gehst also wieder los, um neues Wissen anzusammeln und neue Strategien zu lernen, obwohl es eigentlich nur die Achtsamkeit ist, die dir fehlt.

Der einfachste Schritt, um dein Wissen auch zur richtigen Zeit anzuwenden, ist ein regelmäßiger Check-in mit dir selbst. Eine Standortbestimmung, wie sie das Navi durchführt, nur eben für deinen aktuellen mentalen, emotionalen und körperlichen Zustand.

In der Umsetzung kann das ganz leicht sein.

Du schließt kurz die Augen und achtest einfach darauf, was dir gerade durch den Kopf geht, wie du dich fühlst, und reflektierst dein aktuelles Verhalten. Dieser Prozess muss nicht länger als 60 Sekunden dauern, doch er dient dir als Standortbestimmung. So kannst du anschließend Entscheidungen treffen, die dir dabei helfen, wieder deinen gewünschten Gesamtzustand zu erreichen. Diese regelmäßigen Check-ins sorgen auch dafür, dass du deine Selbstwirksamkeit immer weiter steigern kannst, weil du lernst, völlig unabhängig von anderen Impulsen, für dich die richtigen Entscheidungen zu treffen. Letztendlich gibt es für mehr Gelassenheit, mehr Fokus, mehr Energie und alles, was du dir im Alltag wünschst, nicht die eine Lösung für alle Menschen, sondern es gibt immer die für dich aktuell passende Lösung. Wichtig dabei ist: Auch diese Check-ins benötigen etwas Training und du wirst mit der Zeit immer mehr davon profitieren. Wenn du diese Übung das erste Mal machst, dann kann es gut sein, dass du dir anfangs denkst: „Da ist nichts. Ich nehme nichts wahr.“ Gib dir ein paar Sekunden und Versuche, und du wirst merken, dass immer mehr Details auftauchen. Empfindungen in deinem Körper, Emotionen, verschiedene Gedanken und die ersten Erkenntnisse über dein aktuelles Verhalten. Bereits nach wenigen Versuchen wird dir dieser Check-in als enorme Hilfe in deinem Alltag dienen.

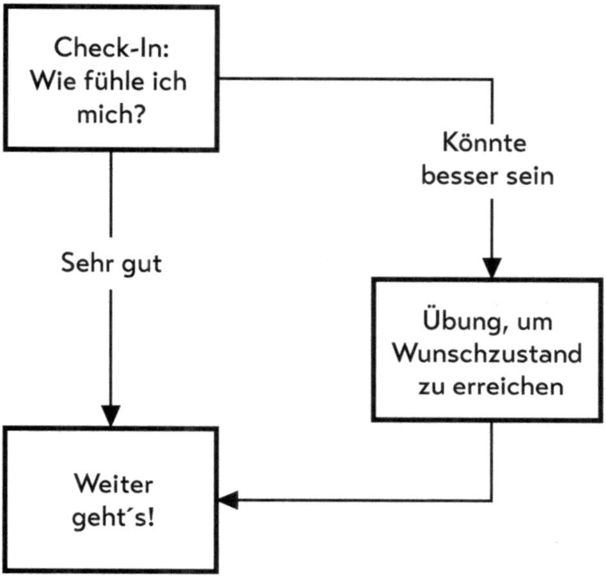

Lass mich dir dazu noch ein kleines Beispiel aus dem Sport mitgeben.

Einer der wichtigsten Schritte in der Zusammenarbeit mit meinen Athleten besteht immer im Aufbau einer individuellen, mentalen Wettkampfroutine. Eine kurze, maximal 5-minütige Routine, die sie mental genau in den gewünschten Zustand für den Wettkampf bringt. Tatsächlich vernachlässigen viele Athleten diesen Schritt oft und sind voll und ganz auf ihr körperliches Warm-up konzentriert. Der mentale Zustand wird dabei dem Zufall überlassen. Umso wertvoller ist es, auch den Kopf gezielt zu aktivieren und vorzubereiten, denn weder Kopf noch Körper können allein einen Wettkampf gewinnen. Letztendlich braucht es die beste Kombination aus beidem. Wenn es jetzt darum geht, diese Wettkampfroutine aufzubauen, dann gibt es zwar eine klare Struktur, der wir folgen, doch die Inhalte sind von Athleten zu Athleten unterschiedlich und können tatsächlich auch von Wettkampf zu Wettkampf variieren. Gerade der zweite Part klingt vielleicht für einige eher kontraproduktiv.

Es ist doch schließlich viel besser, immer dasselbe zu machen, um einen vertrauten Rhythmus zu haben? Ja und nein. Im Kern ist das durchaus richtig, im Detail jedoch nicht. Die Routine findet immer zur selben Zeit statt. Der Ablauf in Kombination mit dem körperlichen Warm-up ist immer gleich. Das sind die Fixpunkte, an denen sich der Athlet orientieren kann. Inhaltlich darf es aber immer wieder Anpassungen geben. Der Grund dafür ist recht einfach. Versetze dich mal kurz in die Lage des Athleten. Du bist kurz vor einem wichtigen Wettkampf. Es sind nur noch wenige Minuten bis zum Start und du spürst, dass du viel zu nervös bist. Innerlich bist du schon fast verkrampft und diese übertriebene Anspannung überträgt sich auch immer mehr auf deine Gedanken. Du zweifelst, du machst dir Sorgen. In diesem Moment brauchst du als Allerersten eine Übung, die dein Nervensystem beruhigt und dein Spannungslevel verringert. Im einfachsten Fall startest du jetzt deine mentale Routine mit einer ganz bewussten, entspannenden Atemübung, die dich durch den klaren Fokus auf deine Atmung auch ins Hier und Jetzt zurückholt.

Stellen wir uns noch ein zweites Szenario vor. Dieselbe Ausgangssituation. Du bist wieder unmittelbar vor einem wichtigen Wettkampf, doch dieses Mal bist du viel zu entspannt. Dir fehlen die nötige Grundspannung und Energie. Du bist fast schon etwas lethargisch. Wenn du jetzt dieselbe Routine wie im ersten Beispiel verwendest, wirst du noch entspannter. Du fährst dein Nervensystem noch weiter herunter und dir fehlt anschließend jegliche Dynamik. Stattdessen entscheidest du dich dieses Mal für eine aktivierende Atemübung, die deinem Körper Energie und Kraft gibt und mental für mehr Fokus und Klarheit sorgt. Auf der Makroebene läuft die Routine wieder genau gleich ab. Gleicher Zeitpunkt. Gleiche Länge. Gleiche Grundstruktur. Doch auf der Mikroebene hat sich deine Routine verändert, angepasst an deine aktuellen Bedürfnisse. Diese Flexibilität bekommst du nur, wenn du durch den initialen Check-in bestimmen kannst, was du jetzt gerade wirklich brauchst. Dieser Check-in ist nichts anderes, als kurz innezuhalten und darauf zu achten, wie es dir jetzt geht und wie du dich jetzt fühlst. Reine Achtsamkeit.

Achtsamkeit hilft dir also auf jeden Fall schon einmal dabei, wirklich präsent im Hier und Jetzt zu sein und genau wahrzunehmen, was gerade passiert. So kannst du nicht nur die mentalen und emotionalen Belastungen der Vergangenheit und Zukunft ablegen, sondern auch jederzeit deine Gedanken, Gefühle und dein Verhalten anpassen, weil du deinen genauen Ist-Zustand kennst.

Fehlt noch der letzte Teil der Definition.

Wenn du dich erinnerst: „Achtsamkeit ist die Fähigkeit, völlig präsent im Hier und Jetzt zu sein, wahrzunehmen, was jetzt gerade wirklich passiert, ohne diese Geschehnisse direkt zu bewerten."

Was hat es also mit der Bewertung auf sich?

Du, ich, wir alle bewerten nahezu ständig. Wir bewerten alles, was passiert. Wir bewerten jeden Menschen, den wir treffen. Wir drücken allem und jedem einen Stempel auf.

Du magst bestimmte Personen. Mit manchen kommst du nicht klar, die magst du nicht. Dir gefällt, wie sich andere Menschen verhalten, oder eben nicht. Dir schmeckt das Essen im Restaurant oder du magst es überhaupt nicht. Vielleicht ist es auch nur eine 6 von 10. Eher Mittelmaß, aber dennoch eine Bewertung.

Bewertungen können gut und hilfreich sein, wenn es um Erfahrungen mit Produkten oder Dienstleistungen geht. So kannst du anhand der Bewertung anderer Menschen einen ersten Eindruck davon bekommen, ob es für dich das Richtige ist. Unsere fast schon automatisierten Bewertungen, die permanent unterbewusst ablaufen, sind allerdings oft nicht wirklich hilfreich und erzeugen Widerstand.

Genau an der Stelle kommen wir wieder zurück zur Analogie des Flusses. Du wirfst den Anker oder baust eine Staumauer auf Basis deiner Bewertung von „Gefällt mir" oder „Gefällt mir nicht".

Permanent alles zu bewerten, raubt dir immer wieder die Möglichkeit, neue Erfahrungen zu machen und echte Veränderungen erleben zu können.

Nehmen wir mal das Beispiel Stress. Gehen wir davon aus, dass du in der Vergangenheit einige negative Erfahrungen mit Stress gemacht hast. Stress hat in deiner Wahrnehmung bisher nur Nervosität, Anspannung und Unwohlsein verursacht. Du hast also inzwischen eine innere Abneigung gegen Stress aufgebaut. Du magst Stress nicht und dir gefällt es absolut nicht, Stress zu haben.

Jetzt sitzt du an deinem Arbeitsplatz und dein Chef schickt dir eine E-Mail mit der Bitte, die wichtige Präsentation für den neuen Kunden, die eigentlich erst in zwei Tagen fertig sein sollte, doch schon bis heute

Abend zu beenden. Du schaust auf die Uhr, du weißt, das wird stressig und sofort baut sich in dir Widerstand auf. Das gefällt dir ganz und gar nicht. Für den Rest des Tages quälst du dich jetzt durch diese Aufgabe, während du innerlich fluchst und dein Stresslevel durch die Decke schießt. Völlig erschöpft beendest du abends mit zwei Überstunden deine Arbeit an der Präsentation und sowohl deine Wut auf deinen Chef als auch deine innere Abneigung gegen Stress haben ihren Höhepunkt erreicht.

„So ein sch**ß Tag!"

Was war der Auslöser für diesen Verlauf? Die E-Mail deines Chefs? Die verkürzte Deadline und das Fehlen von ausreichend Zeit?

In erster Linie war es deine Bewertung der Situation und der daraus entstandene Widerstand. Vom Moment der E-Mail bis zum letzten Klick in der Präsentation hast du gegen diese Aufgabe gekämpft. Du hast dich gewehrt, weil es dir von Anfang an nicht gefallen hat.

Was wäre jetzt, wenn du die E-Mail deines Chefs nicht direkt als Stressfaktor eingestuft hättest? Du hättest dir zuerst einmal ganz neutral die Aufgabe anschauen können und darüber nachdenken können, was es jetzt braucht, um diese Aufgabe in der Kürze der Zeit zu erledigen.

Noch einfacher wäre es geworden, wenn du Stress auf Basis deiner vergangenen Erfahrungen nicht automatisch negativ bewertet hättest. Schließlich ist Stress nicht grundsätzlich schlecht. Ganz im Gegenteil, Stress kann dich sogar besser machen. Hättest du dir erlaubt, eine neue Erfahrung mit Stress zu machen, dann hättest du von dem Zeitdruck unter Umständen sogar profitiert und wärst mit der Aufgabe viel schneller fertig gewesen. Noch vor deinem regulären Feierabend hättest du die Präsentation an deinen Chef geschickt und wärst zufrieden und mit einem Lächeln auf den Lippen nach Hause gegangen.

Ein und dieselbe Situation, zwei unterschiedliche Bewertungen und damit zwei völlig verschiedene Ergebnisse.

Vielleicht denkst du jetzt gerade: „Klingt alles gut und schön, aber so einfach funktioniert die Welt nicht."

Und schon hast du auch die Tipps und Ansätze aus dem Buch wieder bewertet, bevor du überhaupt eine echte Erfahrung damit gemacht hast.

Wenn du es schaffst, deine Bewertung abzustellen oder zu verändern, dann hast du die Möglichkeit, auch andere Erfahrungen zu machen.

Ich bin in den letzten vier Jahren oft auf Reisen gewesen. In der kalten Jahreszeit von Oktober bis April war ich gemeinsam mit meiner Frau immer irgendwo im Warmen. Das bedeutet auch, dass wir immer wieder an Orte gekommen sind, an denen wir uns nicht auskannten. Und was machen wir oft in solchen Situationen? Wir verlassen uns bei Tipps für Städte, Hotels, Restaurants, Erlebnisse auf die Bewertungen von anderen Menschen. Das kann hilfreich sein, doch ich habe mir angewöhnt, meine eigenen Erfahrungen zu machen. Solange die Bewertungen nicht alle einstimmig katastrophal sind, gebe ich den Bewertungen nicht viel Bedeutung. Als wir unseren Freunden und unserer Familie davon erzählt haben, dass wir vier Monate nach Medellín in Kolumbien gehen wollen, wurde das anfangs fast schon als unser Todesurteil bewertet.

„Das könnt ihr nicht machen. Das ist viel zu gefährlich, mit all der Kriminalität und den Drogenkartellen."

Die Bewertungen online waren auch nicht so viel besser, aber ich kannte zumindest zwei Personen, die schon öfter in Medellín gewesen und begeistert waren. Das war alles, was ich brauchte, um ohne Vorurteile und ohne eine frühzeitige Bewertung diese Reise anzutreten. Letztendlich ist Medellín nach meiner eigenen Erfahrung für mich eine meiner Lieblingsstädte weltweit geworden und ich würde jederzeit direkt wieder in den Flieger dorthin steigen.

Das Fazit dieser Story?

Bewertungen, vor allem natürlich deine internen, bauen schnell unnötigen Widerstand auf. Viele Situationen werden so schwerer, als sie sein müssten, und du raubst dir die Chance, eine neue Erfahrung zu machen. Auch wenn es in der Geschichte um die Bewertungen anderer Menschen geht, ist der Mechanismus dahinter für deine internen Bewertungen gleich. Nur wenn du dich von den Bewertungen loslösen kannst, bist du in der Lage, neue Erfahrungen zu machen. Ohne diese neuen Erfahrungen bleibst du in deinem alten Weltbild stecken und alles, was bisher für dich negativ, stressig und belastend war, wird es auch bleiben.

Wenn du direkt bewertest, dann drückst du jeder Situation oder jedem Menschen einen Stempel auf, auch dir selbst. Dieser Stempel wird dann immer die Orientierung für dein weiteres Leben sein.

„Nein, in dieses Restaurant möchte ich nicht mehr gehen. Beim letzten Mal hat es mir dort nicht geschmeckt."

Vielleicht hat inzwischen der Koch gewechselt?

„Nein, mit demjenigen möchte ich keine Zeit verbringen. Beim letzten Mal hat der mich immer so komisch angeschaut, wenn ich etwas gesagt habe."

Vielleicht war es einfach laut und die Person hat dich nicht gut verstanden?

„Nein, ich möchte nicht mit zum Volleyballspielen kommen. Darin bin ich einfach nicht gut."

Vielleicht könntest du ja Spaß dabei haben, während du es lernst?

Die Möglichkeit für eine komplett neue und vor allem auch positive Erfahrung ist immer da, dafür musst du dich allerdings von deiner Bewertung trennen.

Achtsamkeit ist der wichtigste Schlüssel dafür, denn nur wenn du deine momentan noch automatisierten Bewertungen wahrnimmst, kannst du dich auch davon lösen. Dabei muss es gar nicht zwingend dein Ziel sein, alle Bewertungen abzustellen, sondern die für dich hilfreichen Bewertungen zu wählen. Äußere Umstände zu bewerten, liegt in unserer Natur. Diesen Mechanismus wirst du nicht komplett abstellen können, doch du kannst ihn kontrollieren und die für dich passenden Bewertungen herausfiltern.

Doch wie gelingt dir das?

Mit einer Kombination aus Achtsamkeit und einem der, meiner Meinung nach, wertvollsten Mindset-Tipps.

3.3.
MAXIMALE KONTROLLE

„Incredible change happens in your life when you decide to take control of what you do have power over instead of craving control over what you don't."

- Steve Maraboli

Stell dir vor, du könntest alles in deinem Leben kontrollieren. Wie viel einfacher wäre dein Leben dann wohl? Du würdest nicht nur dich, sondern auch alle anderen Menschen und Geschehnisse um dich herum kontrollieren. Nichts passiert mehr außerhalb deiner Kontrolle und deine eigene, kleine Welt ist immer genauso, wie du sie dir wünschst. Für viele Menschen wäre das sicher eine Traumvorstellung, schließlich würde es auch bedeuten, dass automatisch alle ungewollten Herausforderungen wegfallen. Deren Auftreten würdest du dann natürlich gar nicht erst zulassen, wenn du die volle Kontrolle hättest. Auch die eben angesprochenen Bewertungen wären für dich dann natürlich kein Problem mehr. Schließlich kontrollierst du alles. Bevor wir uns aber zu sehr in irgendwelchen Allmachtsfantasien verlieren, würde ich gerne einen Blick auf die Realität werfen, denn da sieht es etwas anders aus.

Selbst wenn du gerne alles kontrollieren würdest, musst du dir bei genauer Betrachtung eingestehen, dass es gewisse Dinge gibt, die du einfach nicht kontrollieren kannst.

Das fängt beim Wetter an, geht weiter mit dem Verhalten anderer Menschen und endet bei politischen Entscheidungen, die dein Leben beeinflussen. Über Umwege oder einen längeren Zeitraum gesehen, kannst du diese Faktoren natürlich schon beeinflussen, doch du kannst sie nicht direkt in diesem Moment kontrollieren. Wenn dir beispielsweise das Wetter heute nicht passt, weil du einen Ausflug geplant hast und es jetzt regnet, dann kannst du heute nichts daran ändern. Das Wetter wird gleich bleiben. Du kannst natürlich langfristig in ein Land auswandern, in dem immer die Sonne scheint, doch dabei kontrollierst du letztendlich nicht das Wetter, sondern deinen Wohnort. Dasselbe gilt für viele andere Faktoren, die dein Leben direkt oder indirekt beeinflussen. Schwierig wird es vor allem dann, wenn du trotz des fehlenden Handlungsspielraumes versuchst, diese für dich unkontrollierbaren Faktoren doch irgendwie unter Kontrolle zu bringen.

Meist endet dieser Versuch in Frustration und der Verschwendung deiner Zeit, deiner Energie, vielleicht auch deines Geldes und deines Potenzials.

Im Sport und ganz besonders im Fußball beobachten wir das in nahezu jedem Spiel. Immer wieder siehst du Spieler, die minutenlang mit dem Schiedsrichter über eine Entscheidung diskutieren, die schon längst getroffen wurde. Der Spieler weiß genau, dass der Schiedsrichter die Entscheidung nicht wieder rückgängig machen wird, und doch verschwendet er seine Zeit und Energie mit dieser unnötigen Diskussion. Selbst im Zeitalter des Videoschiedsrichters hat sich zwar die Wahrscheinlichkeit erhöht, dass Fehlentscheidungen zurückgenommen werden, doch die Entscheidung darüber liegt weiterhin beim Schiedsrichter-Team und nicht bei den Spielern. Jede Diskussion ist also reine Zeitverschwendung und sorgt beim jeweiligen Spieler nur für Ablenkung von der eigentlich wichtigen Aufgabe, sein bestes Spiel zu spielen. Oft sind es genau diese Spieler, die dann im Anschluss eine Niederlage mit der falschen Entscheidung des Schiedsrichters erklären und dabei vergessen, dass sie abseits dieser einen Minute selbst 89 Minuten lang die Möglichkeit hatten, für ein anderes Ergebnis zu sorgen.

Überlege mal selbst: Wie oft versuchst du, etwas zu kontrollieren, was du gar nicht kontrollieren kannst?

Dich mit äußeren Faktoren zu beschäftigen, die du nicht kontrollieren kannst, wird dich immer wieder in eine Situation der Machtlosigkeit bringen. Du hast das Gefühl, den äußeren Einflüssen schutzlos ausgeliefert zu sein und nicht die alleinige Kontrolle über dein Leben zu haben. Gleichzeitig fängst du dann auch an, die äußeren Faktoren als Ausrede für deine eigene unbefriedigende Situation zu nutzen. Du kapitulierst innerlich und gibst die Verantwortung ab.

Das ist natürlich alles andere als der Wunschzustand, doch es geht auch anders.

Es gibt einen kurzen Merksatz, den du dir ganz genau einprägen solltest, um in Zukunft wirklich die maximale Kontrolle zu haben. Ich glaube, jeden Menschen, mit dem ich in den letzten Jahren zusammengearbeitet habe, könntest du nachts um drei Uhr wecken, die Frage stellen: „Was ist der wichtigste Merksatz, um in allen Situationen die Kontrolle zu behalten?“, und alle würden dieselbe Antwort geben:

„Control the Controllable“

Kontrolliere, was du kontrollieren kannst.

Es gibt vieles, was du nicht kontrollieren kannst, doch es gibt einige, ganz zentrale Faktoren, die du immer kontrollieren kannst.

Ich spreche dabei von Faktoren, wie deinen Gedanken, deinen Gefühlen, deinen Entscheidungen, deinen Handlungen, und ganz wichtig deinen Reaktionen auf all das, was du nicht kontrollieren kannst.

Wie du es schaffst, deine Gedanken und Gefühle zu kontrollieren, schauen wir uns in einem der folgenden Abschnitte an. Ich will allerdings jetzt gerne mit dir einen Blick auf die Kontrolle deiner Reaktion werfen.

„Control the Controllable" sorgt nicht plötzlich auf magische Art und Weise dafür, dass du doch alles kontrollieren kannst. An den unkontrollierbaren Faktoren ändert sich nichts. Was sich ändert, sind deine Bewertung und deine Reaktion.

Erinnerst du dich an den automatischen Bewertungsmechanismus, über den wir eben im Abschnitt „Achtsamkeit" gesprochen haben?

Bisher hast du die unkontrollierbaren Einflüsse in deinem Leben vielleicht eher als unveränderlich bewertet. Du siehst sie als Grenzen, innerhalb derer du dich bewegen kannst. Deine Reaktion ist dementsprechend wahrscheinlich eher negativ.

Gehen wir noch mal kurz zurück zum Wetter-Beispiel von eben, um den Unterschied genauer zu erkennen. Du hast also einen Ausflug ins Grüne geplant und es regnet. Besserung ist nicht in Sicht. Wenn du das Wetter als Grenze deiner Möglichkeiten für einen Ausflug siehst, dann wirst du wahrscheinlich jetzt ziemlich frustriert reagieren. Du verbringst den Tag zu Hause und bei jedem Blick aus dem Fenster fluchst du innerlich über das Wetter.

„Wieso muss es ausgerechnet heute regnen?"

Was aber kannst du in dieser Situation kontrollieren?

Das Wetter? Nein. Deine Bewertung des schlechten Wetters? Ja, definitiv. Deine Reaktion auf das schlechte Wetter? Ja, auch das.

Statt den ganzen Tag frustriert auf der Couch zu sitzen und dich schlecht zu fühlen, kannst du dich auf deine Kontrollmöglichkeiten besinnen und etwas verändern.

Wie kannst du trotz des Wetters einen schönen Tag haben? Gibt es vielleicht Ausflugsziele, die wetterunabhängig sind? Wie kannst du aus dieser Situation jetzt das Beste machen?

Du beginnst, das Wetter als unkontrollierbaren Faktor zu akzeptieren, du erinnerst dich jedoch auch daran, dass es bei dir liegt, ob du das Wetter als gut oder schlecht einschätzt. So hast du unmittelbar die Chance, auch anders zu reagieren und dich besser zu fühlen.

Der Wunsch, alles kontrollieren zu wollen, wird für dich immer in einer Sackgasse enden. Dich auf das zu fokussieren, was du wirklich kontrollieren kannst, gibt dir neue Möglichkeiten und die Freiheit, selbst auf die widrigsten Umstände positiv zu reagieren. Dabei sei gesagt, dass „positiv“ in dem Zusammenhang vor allem hilfreich bedeutet. Du musst nicht immer auf alles, was passiert, freudestrahlend reagieren und in Jubelschreie ausbrechen. Wichtig ist für dich, die aktuell hilfreichste Reaktion zu finden und zu wählen.

Wie aber gelingt es dir jetzt im Alltag, diese Reaktion wirklich zu beeinflussen?

Meistens erfolgt die Reaktion komplett auf Autopilot. Sie ist eine direkte Folge deiner Bewertung. Du hast dir in den bisherigen Jahren deines Lebens bestimmte Reaktionen antrainiert und in den jeweiligen

Situationen läuft diese Reaktion automatisch ab. Wenn du mit deinen bisherigen Reaktionen nicht zufrieden bist oder sie einfach nicht hilfreich für dich sind, dann darfst du deine neu gewonnene Achtsamkeit nutzen, um deine Reaktionen anzupassen.

Was meine ich damit?

Deine Reaktion läuft immer im Hier und Jetzt ab. Du reagierst unmittelbar im jetzigen Moment. Das bedeutet also, um deine Reaktion zu ändern, musst du präsent sein, bei dem, was jetzt gerade wirklich passiert. Nur so kannst du den Auslöser für deine Reaktion wahrnehmen und die kurze Verzögerung nutzen, um für dich die beste Reaktion zu wählen.

Viktor Frankl hat in seinem Buch „Man's Search for Meaning" geschrieben: „Zwischen Reiz und Reaktion gibt es einen Raum. In diesem Raum liegt unsere Macht, unsere Reaktion zu wählen. In unserer Reaktion liegt unser Wachstum und unsere Freiheit."

Das heißt, es gibt immer zuerst einen Reiz, anschließend bewertest du die Situation, und mit etwas Verzögerung folgt deine Reaktion. Der Reiz ist in dem Fall vielleicht der erste Blick aus dem Fenster auf den verregneten Tag. Direkt im Anschluss entscheidest du für dich, dass dir dieses Wetter nicht gefällt, und erst kurz danach folgt deine automatische Reaktion.

Achtsamkeit hilft dir dabei, die Lücke zwischen Reiz und Reaktion bewusst wahrzunehmen und sie auch zu vergrößern, sodass du ganz bewusst entscheiden kannst, wie du die Situation bewerten willst und welche Reaktion du wählen möchtest.

Ich weiß, im ersten Moment klingt das immer etwas komplex und vielleicht weit entfernt von deinem aktuellen Zustand, doch im Grunde genommen ist es recht einfach und braucht nur ein wenig Übung.

Begleitend zu dem Buch bekommst du kostenfreien Zugang zu meinem „30 Tage: Calm Mind – Training“. Die Übungen und Tipps in diesem Training werden dir unter anderem dabei helfen, deine Reaktionen besser zu kontrollieren. Unter http://mindact.io/buch kannst du dir jetzt direkt deinen Zugang sichern. Den nötigen Zugangscode findest du auf der letzten Seite dieses Buches. Somit kannst du begleitend zum Buch direkt an den wichtigsten Fähigkeiten arbeiten und deine Bewertungen und Reaktionen immer mehr unter deine Kontrolle bringen.

Gerade am Anfang hast du natürlich auch die Möglichkeit, deine Reaktion nachträglich noch zu verändern. Das heißt, wenn du selbst feststellst, dass du durch einen bestimmten Einflussfaktor plötzlich genervt, frustriert und innerlich blockiert bist, dann ist das genau der Zeitpunkt, um deine Reaktion zu hinterfragen.

Diese unnötige Schwere ist für dich der einfachste Indikator, um zu erkennen, dass du dich gerade für eine nicht sonderlich hilfreiche Reaktion entschieden hast.

Und auch wenn du in dem Fall deine Reaktion nicht direkt in der Entstehung kontrollieren konntest, hast du ab dem Moment der Erkenntnis die Möglichkeit, eine andere Reaktion zu wählen.

Mit der Zeit wird das für dich immer natürlicher werden und du wirst merken, wie einfach es dir gelingt, bessere Lösungen zu finden.

Eine Situation, die es dir im Alltag immer wieder schwer machen kann, gelassen zu bleiben, ist die Unkontrollierbarkeit deiner Ergebnisse.

Wir haben in einem der vorherigen Beispiele darüber gesprochen, dass du „Last minute" noch eine wichtige Präsentation für deinen Chef erstellen musst.

Neben der straffen Deadline und der Gefahr, diese nicht einhalten zu können, gibt es für dich noch eine weitere Herausforderung.

Du kannst die verbleibende Zeit nutzen, dein Allerbestes geben, eine in deinen Augen hervorragende Präsentation erstellen und doch kann es passieren, dass dein Chef nicht damit zufrieden ist oder es dem Kunden am Ende nicht gefällt.

Das ist genau der Zwiespalt zwischen deiner Leistung und dem Ergebnis. Deine eigene Leistung kannst du immer kontrollieren. Es liegt immer komplett bei dir, deine in dem Moment beste Leistung zeigen zu können. Das Ergebnis allerdings liegt ganz oft außerhalb deines Einflussbereiches. In dem Beispiel kannst du eben nicht beeinflussen, wie dein Chef oder der Kunde auf die Präsentation reagieren, ob sie ihnen zu 100 % gefällt und ob sie damit zufrieden sind. Trotz deiner vielleicht besten Leistung kann es also sein, dass das Ergebnis für dich nicht zufriedenstellend ist.

Im Sport ist das ähnlich. Du kannst als Athlet heute deinen besten Tag erwischen, du stellst vielleicht sogar eine neue persönliche Bestleistung auf, und doch gibt es einen Athleten, der heute noch 0,1 % besser ist als du. Statt der erhofften Goldmedaille gehst du dann mit Silber nach Hause und das, obwohl du deine beste Leistung gezeigt hast.

Wichtig ist hier jedoch, dass du erkennst, wie viel unnötigen Stress und wie viel Unzufriedenheit der übertriebene Fokus auf dein Ergebnis dir bereiten kann. Im Englischen gibt es diesen schönen Spruch: „Where focus goes, energy flows!"

Immer wenn du deine Energie investierst, um etwas Unkontrollierbares zu kontrollieren, dann verschwendest du deine Energie. Du gibst viel und bekommst nichts zurück. Dein Aufwand kann in dem Fall nicht belohnt werden, weil dir die Kontrolle fehlt. Das Einzige, was sich daraus für dich ergibt, ist eine Mischung aus Frustration, Stress und irgendwann Resignation.

Verwendest du deine Energie jedoch für das, was du wirklich kontrollieren kannst, dann siehst und spürst du Veränderungen. Deine Handlungen haben eine direkte Auswirkung auf dein Leben und du kannst wirklich etwas verändern. Dieses Gefühl der Selbstwirksamkeit ist im wahrsten Sinne Gold wert.

Du darfst also bei all deinen Aufgaben deine persönliche Leistung vom Ergebnis trennen oder wie man so schön sagt: „Wenn du alles gegeben hast, dann hast du dir nichts vorzuwerfen." Du bist nicht für etwas verantwortlich, was du nicht kontrollieren kannst. Das bedeutet nicht, dass du dich mit dem Ergebnis zufriedengeben musst. Natürlich kannst du danach streben, beim nächsten Mal ein besseres Ergebnis zu erzielen. Der Athlet, der beim letzten Wettkampf nur knapp den Sieg verfehlt hat, strebt beim nächsten Mal ja auch wieder nach Gold. In diesem Streben darfst du jedoch darauf achten, was du wirklich kontrollieren kannst (deine Handlungen und deine Leistung), und was du nicht kontrollieren kannst (das Ergebnis).

Eine gute Freundin, die früher selbst Profisportlerin war, hat einmal zu mir gesagt: „Du darfst auch mal zufrieden sein. Du darfst dich nur nie zufriedengeben."

Deine Leistung vom Ergebnis zu trennen, erlaubt es dir, auch mal zufrieden zu sein und anschließend wieder danach zu streben, noch besser zu werden.

Wie du merkst, ist letztendlich alles eine Frage der Perspektive, die du wählst. Was uns zu einer universellen Weisheit bringt, die dir dabei helfen wird, deine Gedanken in Zukunft ganz bewusst zu wählen.

3.4.
ZUSAMMENFASSUNG

Wichtigste Punkte:

- Es ist, wie es ist. – „It is what it is." Deine Vergangenheit definiert weder deine Gegenwart noch deine Zukunft.

- Selbstbewusstsein ist also die Grundlage für deine gezielte Weiterentwicklung. Beginne mit deinen offensichtlichen Herausforderungen und entwickle dich von da aus weiter.

- Achtsamkeit ist die Grundlage für echtes Glück, für Zufriedenheit, für Gelassenheit, aber eben auch für deine besten Leistungen und das Erreichen deiner Ziele.

- „Control the Controllable." Konzentriere dich auf das, was du wirklich kontrollieren kannst. Deine Gedanken, deine Gefühle, deine Entscheidungen, deine Handlungen und deine Reaktionen auf all das, was du nicht kontrollieren kannst.

4.0.
PERSPEKTIVWECHSEL

„You control your own wins and losses."

- Maria Sharapova

Wir leben in einer dualen Welt. Alles hat zwei Seiten. Zwei Perspektiven. Licht und Schatten. Gut und schlecht. Schnell und langsam. Höhen und Tiefen.

Nichts existiert in unserer Welt ohne sein Gegenstück. Das fängt auf atomarer Ebene an und zieht sich durch die komplette Welt. Auch durch deine Welt. Doch gerade diese unveränderliche Dualität führt bei vielen Menschen immer wieder zu inneren Blockaden und Unverständnis. Einerseits, weil sie nicht akzeptieren, dass beide Seiten der Medaille existieren müssen und andererseits, weil sie sich für eine Perspektive entscheiden, die aktuell für sie nicht hilfreich ist.

Vielleicht kennst du dieses Bild, in dem zwei Menschen von jeweils rechts und links auf eine auf den Boden gezeichnete Zahl schauen. Für die Person auf der linken Seite stellt diese Zahl eine Sechs dar. Für die Person auf der rechten Seite ist es eine Neun. Dieses Bild veranschaulicht sehr gut die Herausforderungen, aber auch die Möglichkeiten, die unsere duale Welt mit sich bringt.

Letztendlich ist es ganz einfach. Du wählst eine Perspektive und von dieser Perspektive aus betrachtest du die Welt. Jetzt kann es sein, dass diese Sichtweise dein Leben sehr einfach macht und dir durchaus hilft. Es kann jedoch auch sein, dass du durch die gewählte Perspektive in einer Sackgasse gelandet bist und keinen Ausweg siehst.

Solange wir uns der Optionen in dieser Dualität nicht bewusst sind, bekommen wir oft den Eindruck, dass unsere Perspektive die einzig mögliche ist. Das kann nicht nur zu vielen mentalen Blockaden führen, sondern auch immer wieder Konflikte mit anderen Menschen erzeugen.

Bleiben wir aber erst mal bei dir, bevor wir uns mit anderen Menschen beschäftigen.

Du hast die Wahl.

Du entscheidest, welche Seite und welche Perspektive du wählst.

Die nicht enden wollende Schlange im Supermarkt kann für dich eine Quelle der Frustration sein oder die Möglichkeit, in deinem sonst so hektischen Alltag einfach mal durchzuatmen.

Fehler können deinen Selbstwert verringern und dir das Gefühl geben, nicht gut genug zu sein. Sie können aber auch der Ursprung für dein Wachstum und deine Weiterentwicklung sein.

Deine gewählte Perspektive bestimmt darüber, wie du die Welt siehst.

Getreu dem Motto: „Du siehst die Welt, nicht wie sie ist, sondern wie du bist."

Probleme oder Herausforderungen.

Möglichkeiten oder Krisen.

Ausschlaggebend ist hier vor allem deine Einstellung. Dein Mindset. Deine Glaubenssätze.

Bei der Wahl der Perspektiven geht es nicht darum, die rosarote Brille aufzusetzen und blind zu werden für die echten Herausforderungen im Leben.

Du darfst dich jedoch auch hier wieder für die hilfreichste Perspektive entscheiden.

6

Es gibt immer verschiedene Perspektiven.

Erinnere dich gerne an den Fluss des Lebens. Wann immer deine aktuelle Perspektive für Widerstand sorgt und du deinen Anker wirfst oder eine Staumauer baust, wird es Zeit, die Perspektive zu wechseln. Das ist eins der einfachsten Erfolgsgeheimnisse im Coaching. Der Prozess des Coachings hilft vielen Menschen deshalb so sehr, weil es ihnen erlaubt, ihr eigenes Leben aus der Perspektive eines anderen Menschen zu betrachten. Du siehst deine Welt plötzlich mit ganz anderen Augen und das verändert alles.
Ich habe dir eingangs von meiner Situation erzählt, als ich mein Studium abgebrochen habe. Anfangs war ich damals in der Perspektive gefangen, dass ich sieben Jahre meines Lebens verloren hatte.

War das hilfreich?

Keineswegs. Es hat mich innerlich blockiert, frustriert und immer wieder wütend gemacht.

Als ich jedoch begonnen habe, meine Perspektive zu verändern, hat sich all das aufgelöst.

Ich habe angefangen, mir die Frage zu stellen, welche Möglichkeiten mir diese Situation jetzt bietet, anstatt darauf zu achten, vor welchen Problemen ich stehe.

Plötzlich ist mir aufgefallen, dass die ganze Welt mit all ihren Möglichkeiten vor mir liegt. Diese anfangs frustrierende Situation hatte mich an einen Punkt gebracht, an dem ich völlig neu wählen konnte, wer ich sein will und was ich tun will. Unendliche Möglichkeiten.

Ändere deine Perspektive und du siehst die Welt mit ganz anderen Augen.

An der Stelle ist es wichtig, zu sagen, dass du natürlich nicht nur die Wahl zwischen zwei Perspektiven hast. Entweder – oder. Dieses absolutistische Denken zwischen Schwarz und Weiß verursacht oft unnötige Schwierigkeiten. Genau genommen hast du in der Wahl deiner Perspektive unbegrenzt viele Möglichkeiten. Zwischen Schwarz und Weiß existieren unzählige Grautöne.

Die passende Perspektive zu wählen, bedeutet einerseits, das, was jetzt gerade passiert, mit anderen Augen zu sehen. Andererseits bedeutet es auch, die Geschehnisse deines Lebens richtig einzuordnen. Raus zu zoomen, und das gesamte Bild zu betrachten.

Wie könntest du die aktuelle Situation noch betrachten?

Für diesen Perspektivenwechsel kannst du auch jederzeit in eine andere Rolle schlüpfen.

Stell dir vor, du bist am Ende deines Lebens angekommen. Du durchlebst gerade deine letzten Tage oder Wochen. Wie würdest du dann mit dieser Situation umgehen?

Das mag zu Beginn vielleicht etwas makaber klingen, doch genau diese Art von Fragen hilft dir dabei, zu erkennen, welche Optionen du hast.

Ja, ich habe mit meinem anfangs falsch gewählten Berufsweg sieben Jahre meines Lebens verbracht. Aber was sind schon sieben Jahre auf ein ganzes Leben betrachtet? Für mich war das eine befreiende Perspektive, weil ich erkannt habe, wie viel Zeit mir noch bleibt.

„Wenn es in fünf Jahren keine Rolle mehr spielt, solltest du nicht mehr als fünf Minuten damit verbringen, dich darüber aufzuregen."

Noch relevanter wird die neue Perspektive natürlich bei den kleinen Problemen des Alltags. In den seltensten Fällen geschieht etwas in deinem Leben, das noch in fünf oder mehr Jahren einen Einfluss haben wird. Wenn wir ehrlich sind, dann erkennen wir wahrscheinlich, dass die meisten Dinge, über die wir uns aufregen, nicht einmal mehr in fünf Tagen, vielleicht sogar in fünf Stunden eine Rolle spielen. In dem Moment, in dem deine augenscheinlichen Probleme auftreten, hast du vielleicht oft den Eindruck, deine Welt bricht zusammen. Schon ein kleiner Perspektivwechsel kann dir jedoch dabei helfen, zu erkennen, dass dieses Problem in Wirklichkeit viel kleiner ist. Damit verschwindet das Problem, oder besser gesagt die Herausforderung, nicht einfach, doch es wird für dich viel leichter, damit umzugehen.

Am Ende schadest du damit immer nur dir selbst. Vielleicht ist es nur ein Satz deiner Kollegin, der dich heute an einem wunden Punkt getroffen hat und seitdem beschäftigt. Noch Stunden später regst du dich darüber auf. Doch wem schadet das? Nur dir. Deine Kollegin weiß wahrscheinlich nicht einmal, dass dich ihre Aussage getriggert hat. Du aber verdirbst dir damit den Tag.

„Hat sie das wirklich so gemeint, wie ich glaube? Vielleicht ist das auch nur meine Interpretation dessen, was sie gesagt hat."

Deine gewählte Perspektive macht dir das Leben leichter oder schwerer. Je nachdem, für welche Sichtweise du dich entscheidest. Etwas geht schief und du sagst, es ist ein Fehler. Aus einer anderen Perspektive heraus könnte es jedoch auch eine Wachstumsmöglichkeit sein. Thomas Edison hat bei der langwierigen Erfindung der Glühlampe beispielsweise nie davon gesprochen, Fehler gemacht zu haben. Immer wieder hat er betont, dass er jetzt einfach nur 10.000 Möglichkeiten kennt, die nicht funktionieren.

Enttäuschungen sind ein weiteres Beispiel für den Einfluss deiner gewählten Perspektive. Die Realität stimmt nicht mit deiner Vorstellung überein, also sagst du, dass du enttäuscht bist. Doch was sind Enttäuschungen wirklich? Das Ende einer Täuschung. Du hast dich selbst getäuscht, indem du weniger auf die tatsächliche Realität als auf die Vorstellungen in deinem Kopf geachtet hast. So gesehen sind Enttäuschungen etwas Positives, weil sie dich daran erinnern können, wieder dem Fluss des Lebens zu folgen, statt Luftschlösser zu bauen.

In der Theorie klingt das natürlich immer ganz einfach.
Wähle eine hilfreiche Perspektive, lass die alte Sichtweise einfach los und beschäftige dich nicht weiter damit.

Das gilt im Grunde genommen natürlich für alles, was dich belastet. Sorgen, Zweifel, Ängste und all die emotionalen Wellen des Tages. Die Intention, all das loszulassen, ist super. Wäre da nicht dein Kopf, der dir immer wieder einen Strich durch die Rechnung macht.

Kaum hast du das Gefühl, dich wieder stabilisiert zu haben, drehen sich deine Gedanken nun um die nächste Sache, die dich so sehr nervt, und du wirst wieder in diesen Negativstrudel hineingezogen.

Hast du manchmal den Eindruck, den Spielchen deines Kopfes schutz- und machtlos ausgeliefert zu sein?

Die gute Nachricht ist: Du bist es nicht. Ganz im Gegenteil, du hast die Kontrolle. Bisher haben dir nur die richtigen Strategien gefehlt, um dafür zu sorgen, dass dein Kopf für dich und nicht gegen dich arbeitet.

4.1.

DER EWIGE KREISLAUF

„Make sure your worst enemy doesn't live between your own two ears."

- Laird Hamilton

Im Internet kursiert immer wieder die Aussage, dass wir angeblich bis zu 60.000 Gedanken pro Tag denken. Bis heute habe ich noch keine relevante Studie gefunden, die das belegt. Die einzige Orientierung, die sich finden lässt, um einen Eindruck zu bekommen, wie viel in unserem Kopf wirklich passiert, ist eine Studie der kanadischen Queens-University. Die Forscher kamen 2020 zu dem Ergebnis, dass wir etwas mehr als 6.000 Gedanken pro Tag denken, was auch deutlich realistischer klingt, denn selbst in unserem Ultrakurzzeitgedächtnis werden Informationen für bis zu zwei Sekunden gespeichert. Dabei 60.000 Gedanken in einem Tag unterzubringen, wird schwierig, denn schließlich haben wir tagtäglich nur 86.400 Sekunden zur Verfügung.

Völlig unabhängig von der genauen Zahl sind allerdings auch 6.000 Gedanken eine Menge, vor allem dann, wenn du sie nicht wirklich kontrollieren kannst, diese Gedanken auf vielen negativen Glaubenssätzen beruhen, und sie sich tagtäglich wiederholen.

Klar ist, solange dein Kopf dich kontrolliert und nicht andersherum, wirst du immer wieder Schwierigkeiten haben.

Das Ziel ist also:

- Die Kontrolle über deinen Kopf zu gewinnen
- Neue, hilfreiche Glaubenssätze aufzubauen.
- Mehr positive Gedanken zu entwickeln.

Um das zu tun, dürfen wir uns erst einmal anschauen, welche Auswirkungen unsere Gedanken und Glaubenssätze auf unser Leben haben, denn genau damit fängt alles an. Im Laufe deines Lebens hast du bestimmte Glaubenssätze aufgebaut oder von deinem Umfeld übernommen. Du hast also ein relativ klares Bild, was du über dich und die Welt denkst. Eben diese Glaubenssätze sind der Anfang deines Kreislaufes, der dein komplettes Leben bestimmt und mit dessen Hilfe du wirklich nachhaltige Veränderungen schaffen kannst. Dieser Kreislauf besteht aus den folgenden Elementen:

- Glaubenssätze
- Gedanken
- Gefühle
- Entscheidungen
- Handlungen
- Erfahrungen

Einfach gesagt, führt jeder Glaubenssatz zu bestimmten Gedanken. Da jeder Gedanke mit einem Gefühl verknüpft ist, entwickelst du Gefühle auf Basis deiner Gedanken. Die Kombination aus Gedanken und Gefühlen ist dein Seinszustand, dein „State of Being“. Dein Seinszustand ist dann die Grundlage für deine Entscheidungen, die anschließend direkt zu einem bestimmten Verhalten führen. Und zu guter Letzt machst du auf Basis deines Verhaltens passende Erfahrungen bzw. bekommst die entsprechenden Ergebnisse, die wiederum deine anfänglichen Glaubenssätze beeinflussen. That’s it.

Dein ganzes Leben basiert auf diesem Kreislauf und solange du nicht aktiv in diesen Kreislauf eingreifst, wird er dich immer wieder sabotieren. Genau genommen tut er das wahrscheinlich bisher, sonst würdest du dieses Buch nicht lesen.

Schauen wir uns das einfach mal anhand eines einfachen Beispiels an:

Gehen wir davon aus, dass du bisher den Glaubenssatz bzw. die Überzeugung aufgebaut hast, dass du nicht gut darin bist, vor anderen Menschen zu sprechen. Doch jetzt stehst du vor der Herausforderung, die Ergebnisse deiner Arbeit der letzten Wochen in einem Meeting vor deinen Kollegen zu präsentieren. Du bist fest davon überzeugt, dass du darin nicht gut bist, und schon am Vorabend quälst du dich mit Selbstzweifeln und denkst die ganze Zeit darüber nach, was schief gehen könnte. Du hast Angst, zu versagen. Das setzt sich dann am nächsten Tag direkt fort. Dein Glaubenssatz „Ich bin nicht gut darin, vor anderen Menschen zu sprechen“ produziert am laufenden Band negative Gedanken. Selbstzweifel und Sorgen. Vor deinem inneren Auge siehst du schon, wie diese kommende Präsentation komplett in die Hose geht. All diese Gedanken beeinflussen natürlich auch direkt deinen Gefühlszustand. Du fühlst dich unsicher. Du bist extrem nervös. Du hast Angst vor dem Meeting. Dein schlechter Gesamtzustand veranlasst dich dazu, nicht unbedingt die besten bzw. hilfreichsten Entscheidungen zu treffen. Vielleicht verkürzt du die Präsentation absichtlich noch einmal, damit du nicht so lange sprechen musst, und verzichtest dabei auf wichtige Punkte in deiner Ansprache. Vielleicht versuchst du, das Meeting noch mal zu verlegen, schließlich fühlst du dich gerade nicht so gut und du hast nicht den Eindruck, gut vorbereitet zu sein. Es hilft aber alles nichts, das Meeting findet statt und du musst da durch. Während du die letzten Kleinigkeiten vorbereitest und deine Kollegen langsam den Meetingraum betreten, wächst deine Unsicherheit und Nervosität immer weiter.

Du stehst vor dem versammelten Team und strauchelst immer wieder. Du vergisst wichtige Details. Du versprichst dich immer wieder. Jeder im Raum spürt deine Nervosität. Das Ergebnis? Du hast es irgendwie überstanden, doch zufrieden bist du bei Weitem nicht. Im Gegenteil, du glaubst, dass du dein Team und deine Vorgesetzten enttäuscht hast, dass du dich enttäuscht hast. Das war schließlich einfach keine gute Präsentation. Aber es gibt dir zumindest die Bestätigung, dass du von Anfang an recht hattest.

„Du bist einfach nicht gut darin, vor anderen Menschen zu sprechen."

Wie du siehst, liefert dir der Gedankenkreislauf genau die Ergebnisse oder Erfahrungen, die du erwartet hast. Wenn du glaubst, nicht gut zu sein, wirst du aller Wahrscheinlichkeit nach ein Ergebnis bekommen, das dir beweist, dass du nicht gut genug bist.

Bist du jetzt auf ewig in dieser negativen Spirale gefangen?

Glücklicherweise nicht, denn wie schon Henry Ford sagte:

„Ob du glaubst, dass du etwas kannst, oder ob du glaubst, dass du es nicht kannst, in beiden Fällen wirst du recht behalten."

Es gibt also einen Ausweg, denn letztendlich bestimmen deine anfänglichen Glaubenssätze und Gedanken den weiteren Verlauf im Kreislauf bis hin zu deinen Ergebnissen.

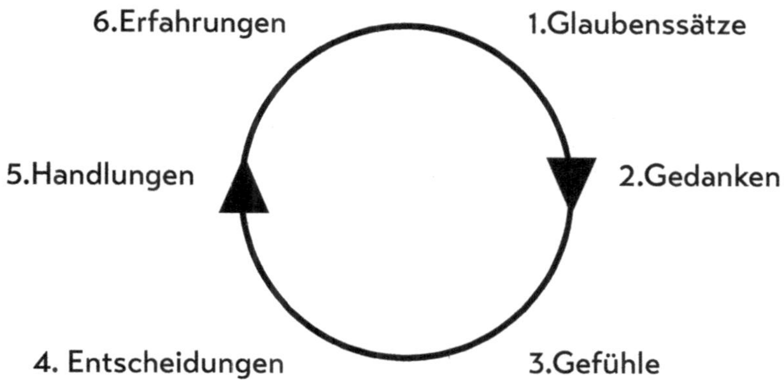

Im Sport erlebe ich die Auswirkungen davon regelmäßig. Wie wir alle, haben natürlich auch Athleten im Laufe ihres Lebens Glaubenssätze aufgebaut. Oft, ohne es zu wissen und ohne sich der Konsequenzen bewusst zu sein. Das einfachste Beispiel: Die sogenannten Trainingsweltmeister. Im Training läuft alles super, im Wettkampf geht oft gar nichts. Abgesehen von der oft fehlenden, mentalen Vorbereitung auf den Wettkampf stecken dahinter meist Glaubenssätze wie:

„Ich kann einfach nicht gut mit Druck umgehen",

oder

„Ich war noch nie so der Wettkampftyp".

Das sind jedoch keine unveränderlichen Fakten, sondern einfach nur limitierende Glaubenssätze. Sobald diese aufgelöst oder verändert sind, machen die Athleten plötzlich ganz neue Erfahrungen.

Doch wie kannst du deine Glaubenssätze und Gedanken verändern oder beeinflussen?

4.2.
DAS ENDE DER AFFIRMATIONEN

„You don't become confident by shouting affirmations in the mirror, but by having a stack of undeniable proof that you are who you say you are."

- Alex Hormozi

Wenn du online nach Lösungen suchst, um deine Glaubenssätze zu verändern, dann wirst du relativ schnell auf positive Affirmationen stoßen. Affirmationen sind nichts anderes als eine bewusste Aussage über dich selbst. In dem Fall natürlich eine positive Aussage. So etwas wie: „Ich bin gut genug." Meist bekommst du passend dazu auch die Empfehlung, dir nicht nur deine individuellen Affirmationen zu erstellen, sondern sie so oft wie möglich zu wiederholen. Am besten liest du dir deine Affirmationen mehrmals pro Tag durch, sprichst sie laut aus und hörst sie dir zusätzlich noch als Audioversion auf der Fahrt zur Arbeit an. Grundsätzlich klingt diese Herangehensweise erst einmal sinnvoll. Du nimmst den alten, negativen Glaubenssatz, verwandelst ihn in einen neuen, positiven Glaubenssatz und wiederholst diesen neuen Satz so oft, bis er sich eingeprägt hat. Du lässt deine Glaubenssätze also auf Endlosschleife laufen, bis du selbst an nichts anderes mehr denken kannst. Klingt nicht sonderlich attraktiv, oder? Es ist allerdings auch nicht die beste Lösung. Glaub mir, ich habe das zur Genüge getestet. Als ich vor etwa zehn Jahren begonnen habe, mich mit Themen wie Persönlichkeitsentwicklung zu beschäftigen, waren positive Affirmationen mein ständiger Begleiter. Meine ganze Wohnung war voll damit. Am Badezimmerspiegel, am Kühlschrank, an der Eingangstür, überall hingen meine ausgedruckten Affirmationen und ich habe sie mir unzählige Male pro Tag laut vorgelesen. Und obwohl ich durchaus schon eine gewisse Veränderung wahrnehmen konnte, gab es immer wieder ein Problem.

Ich habe mir eine Affirmation vorgelesen, wie z. B.: „Ich bin reich und erfolgreich", und direkt eine Millisekunde später gab es diese Stimme in meinem Kopf, die mir darauf geantwortet hat: „Nein, bist du nicht. Schau doch mal auf deinen Kontostand. Du bist nicht reich und erfolgreich."

Die Stimme hatte recht. Also habe ich es mit der nächsten Affirmation versucht.

„Ich habe ein großes und unerschütterliches Selbstvertrauen."

Doch wieder meldete sich die Stimme in meinem Kopf: „Nein, hast du nicht. Gestern hast du diese hübsche Frau im Fitnessstudio getroffen und du hast dich wieder nicht getraut, sie anzusprechen. Du hast kein Selbstvertrauen."

Auch hier konnte ich nicht widersprechen. Und so ging das immer weiter. Jede Affirmation, die aktuell noch nicht der Wahrheit entsprach, wurde von der Stimme in meinem Kopf zunichtegemacht.

Genau das ist die Herausforderung bei Affirmationen. Du arbeitest gegen das, was du glaubst, und anstatt problemlos und schnell die neuen Glaubenssätze aufzunehmen, sabotierst du dich selbst. Oder besser gesagt, dein Kopf sabotiert dich.

Nach Jahren des Testens kann ich also sagen: Affirmationen sind Bullsh*t. Du kannst dich nicht von etwas überzeugen, an das du nicht glaubst. Du brauchst eine bessere Lösung. Eine, bei der du nicht gegen, sondern mit deinem Kopf arbeitest.

Womit wir wieder an dem Punkt angelangt wären, an dem du vielleicht denkst, dass es einfach nicht machbar ist, die Kontrolle über deine Gedanken zu gewinnen, und dass du deinem Kopf schutzlos ausgeliefert bist. Doch ich kann dich beruhigen. Es gibt eine ganz einfache Lösung. Dafür müssen wir uns nicht einmal komplett von den Affirmationen verabschieden. Wir dürfen sie nur weiterentwickeln, sodass sie wirklich effektiv wirken können.

Bevor wir das tun, müssen wir allerdings ein für alle Mal mit einer Annahme abschließen.

4.3.
DU BIST DER CEO DEINES KOPFES

„Your mindset can control you, or you can control it. It can reward you, or it can own you. You get to decide. What are you choosing?“

\- Leila Kashani

Du bist nicht der Sklave deines Kopfes.

Du bist der bzw. die CEO deines Kopfes.

Im ersten Moment mag es etwas hart klingen, zu sagen, dass du nicht der Sklave deines Kopfes bist. Viele Menschen verhalten sich jedoch genau so. Als wären sie dem Willen ihres Kopfes wehrlos ausgeliefert. Meine Erfahrung hat gezeigt, dass es oft genau diese Deutlichkeit braucht, um aufzuwachen. Aufzuwachen, aus der Illusion, dass du der Sklave deines Kopfes bist und keine Kontrolle über deine Gedanken hast. Es gibt also in dem Fall zwei Möglichkeiten, dein Leben zu leben. Entweder kontrolliert dein Kopf dich oder du kontrollierst deinen Kopf.

Was ist dir lieber?

Die Kontrolle über deine Gedanken zu haben, bedeutet in erster Linie, Verantwortung zu übernehmen. Verantwortung für alles, was in deinem Kopf passiert. In der Verantwortung liegt die Antwort, nach der du suchst, um die Spielchen deines Kopfes zu beenden. Die Kontrolle zu übernehmen, bedeutet auch, dass du dir bewusst bist, wie viel du verändern kannst, wenn du die Power deiner Gedanken plötzlich für dich nutzt. Diese neue Kontrolle geht mit der nötigen Weitsicht einher, zu wissen, dass du nicht von heute auf morgen einen magischen Schalter in deinem Kopf umlegen kannst, sondern dass es Zeit und Training braucht, um deine alten Denkweisen loszulassen.

Ob du es glaubst oder nicht, doch du hattest schon immer das Sagen in deinem Kopf. Bis jetzt warst du dir dessen nur nicht bewusst. Das heißt, alles, was bisher in deinem Leben passiert ist, hast du mit deinen Gedanken selbst erschaffen. Vieler dieser Gedanken warst du dir vielleicht gar nicht bewusst, doch sie haben dein Leben bis heute geformt. Der Kreislauf, über den wir vorher gesprochen haben, ist immer präsent und wirkt in deinem Alltag, völlig egal, ob du dir dessen bewusst bist oder nicht. Es wird also Zeit, die Abläufe in deinem Kopf so zu gestalten, dass sie dich bei deinen Zielen bestmöglich unterstützen. Bevor du im Spiel des Lebens gewinnen kannst, musst du zuerst das Spiel in deinem Kopf gewinnen.

Wie der CEO eines Unternehmens trägst du die volle Verantwortung. Das Gute dabei ist jedoch, dass auch du bestimmst, in welche Richtung sich das Unternehmen entwickelt. Das Unternehmen ist in dem Fall dein Leben. Der CEO bist du und dein Kopf ist dein persönlicher Assistent. Wenn du aktuell noch den Eindruck hast, dass es viele Gedanken und Glaubenssätze gibt, die für dich einfach nicht hilfreich sind, dann hast du deinem Assistenten in den letzten Jahren wahrscheinlich einfach die falschen Aufgaben gegeben bzw. ihm die falschen Fragen gestellt.

Dein Assistent in Form deines Kopfes liefert dir immer die Informationen (Gedanken), nach denen du gefragt hast, bewusst oder unbewusst. Wenn wir noch mal das letzte Beispiel aus der Vorbereitung auf eine wichtige Präsentation aufgreifen, dann hast du aktiv oder in deinem Unterbewusstsein immer wieder die Frage gestellt: „Warum bin ich nicht gut darin, vor anderen Menschen zu sprechen?" Das war die Frage, die du an deinen Assistenten weitergegeben hast. Dabei musst du wissen, dass dein Assistent extrem gut ist. Er liefert dir immer genau die Informationen, nach denen du gefragt hast. In dem Fall läuft der Assistent los und sucht in deinem Archiv (deine Erinnerungen) nach allen Beweisen dafür, dass du nicht gut darin bist, vor anderen Menschen zu sprechen. Im Anschluss packt er dir diesen Stapel an Beweisen auf den Tisch und du bekommst, wonach du gefragt hast. Du erinnerst dich an all die Momente, in den du bei einer Ansprache vor anderen Menschen schlechte Erfahrungen gemacht hast. Vielleicht zurück bis zu deiner Schulzeit, wo dich deine Klassenkameraden dafür ausgelacht haben, dass du eine falsche Antwort gegeben hast oder dich bei einem Vortrag mehrmals versprochen hast. Alles, was gerade greifbar ist und deine anfängliche Frage bestätigt, landet jetzt wieder in deinem Bewusstsein und führt zu Selbstzweifeln, Sorgen und Ängsten. Initial machst du vielleicht deinen Kopf dafür verantwortlich, dass du diese Gedanken hast. Du glaubst, dass du wirklich nicht für das Sprechen vor anderen Menschen gemacht bist, und siehst die erneuten mentalen Hindernisse nur als eine weitere Bestätigung deines Glaubens. Doch genau betrachtet ist es nicht die Schuld deines Kopfes. Dein Assistent hat keine schlechte Arbeit geleistet. Er hat dir genau die Informationen geliefert, nach denen du gefragt hast.

Das bedeutet also, nicht der Assistent muss besser werden, sondern du darfst ihm andere Aufgaben geben. Du darfst ihm bessere Fragen stellen. Fragen, die dir wirklich helfen, deine aktuellen Herausforderungen zu meistern.

Genau an dieser Stelle kommen wir zurück zu den Affirmationen, um ihnen ein Upgrade zu verpassen. Wir haben festgestellt, dass die reinen Affirmationen als Aussage nicht optimal funktionieren, solange du davon nicht komplett überzeugt bist und auch schon entsprechende Erfahrungen gemacht hast. Die reine Aussage: „Ich bin gut darin, vor anderen Menschen zu sprechen", würde die Stimme in deinem Kopf direkt wieder zunichtemachen, weil du aktuell selbst noch nicht wirklich daran glaubst.

Wenn du allerdings die Affirmationen mit deinem Wissen als CEO deines Kopfes verbindest, dann ist das der Moment, in dem du wirklich die Kontrolle übernimmst.

Oder wie man im Englischen so schön sagt: „This is where the magic happens."

Anstatt deinem Assistenten wieder die Frage zu stellen: „Warum bin ich nicht gut darin, vor anderen Menschen zu sprechen?", oder dir einzureden, dass du gut darin bist, stellst du ihm eine bessere Frage wie: „Warum bin ich gut darin, vor anderen Menschen zu sprechen?" Was jetzt passiert, ist genau das positive Äquivalent zu dem vorherigen Ablauf. Dein Assistent läuft wieder los und begibt sich in dein Archiv. Hier sucht er in all deinen Erinnerungen nach Beweisen, die dafür sprechen, dass du gut darin bist, vor anderen Menschen zu sprechen. Momente, wo du deinen Freunden oder deiner Familie völlig problemlos etwas erklärt hast und dich dabei komplett entspannt gefühlt hast. Vorträge aus deiner Schulzeit, die richtig gut waren, die du aber schon wieder komplett vergessen hattest. Die Tatsache, dass du dich weiterentwickelt hast und viel besser darin geworden bist, deine Nervosität zu kontrollieren. Die Vorbereitung der letzten Tage und das Wissen, dass du inzwischen ein Experte in deinem Vortragsthema geworden bist. Dein Assistent sammelt alles ein, was verfügbar ist, und legt es dir auf den Tisch.

Und weißt du, was jetzt passiert?

Plötzlich hast du hilfreiche Gedanken, die dir ein gutes Gefühl geben. Plötzlich wächst dein Optimismus, und du entwickelst so etwas wie Selbstvertrauen. Dein eigener Zustand ändert sich, weil du eine andere Frage gestellt hast und dadurch andere Gedanken hast.

Du bekommst, wonach du gefragt hast, oder anders formuliert:
Die Qualität deiner Fragen bestimmt die Qualität deiner Gedanken.

Das Schöne dabei ist, dass diese nennen wir sie mal **Affirmationsfragen** nicht direkt von der Stimme in deinem Kopf im Keim erstickt werden können wie die vorherigen Affirmationen. Wenn ich dir die Frage stellen würde: „Warum bist du gut darin, vor anderen Menschen zu sprechen?", dann kannst du nicht einfach mit „Nein" oder etwas Ähnlichem antworten. Eine Warum-Frage kannst du beispielsweise nicht verneinen, sondern du musst automatisch eine Antwort dafür finden. Das ist der Moment, in dem du zum ersten Mal bewusst die Kontrolle über deinen Kopf übernimmst.

4.4.

VOM KREISLAUF ZUR AUFWÄRTSSPIRALE

„Watch your thoughts; they become words. Watch your words; they become actions. Watch your actions; they become habits. Watch your habits; they become character. Watch your character; it becomes your destiny."

- Lao-Tze

Jetzt denkst du dir vielleicht: „Ok, das klingt durchaus sinnvoll, aber wenn ich mir solche Fragen stelle, dann finde ich einfach keine Antworten. Es gibt einfach keine Beweise dafür, dass ich gut darin sein könnte, vor Menschen zu sprechen."

Wenn du so sehr an deinen alten Glaubenssätzen festhältst und auch gar nicht gut darin sein willst, dann werden auch diese Affirmationsfragen für dich nicht funktionieren. Du baust wieder eine Staumauer auf und verschließt dich der Veränderung. Der Fluss des Lebens fließt aber immer weiter und das bedeutet für dich vor allem: permanente Veränderung. Diese Veränderung ist nicht immer einfach. Sie geht oft mit unangenehmen Situationen einher. Sie dauert oft ein wenig länger. Wenn du jedoch den inneren Widerstand aufgibst, dann wird dich diese Veränderung immer besser machen. Wie bei vielen wirklich wertvollen Strategien und Gewohnheiten wirst du nicht direkt bei der ersten Anwendung eine weltbewegende Erfahrung machen. Wenn du bisher deinen Assistenten immer losgeschickt hast, um nach den Beweisen für deine negativen Glaubenssätze zu suchen, dann wirst du nicht direkt beim ersten Versuch mit einer Affirmationsfrage überflutet werden von positiven Beweisen. Bezogen auf unsere Analogie könnten wir sagen, dass dein Assistent sich in dem Archiv deiner positiven Beweise noch nicht so gut auskennt. Dementsprechend braucht er hier länger, um eine größere Menge an passenden Antworten für deine Affirmationsfrage zu finden. Wissenschaftlich betrachtet, sind deine neuen Denkweisen in Form von neuen neuronalen Verknüpfungen einfach noch nicht stark genug ausgeprägt. Du begibst dich mit diesen Affirmationsfragen zum ersten Mal in das Fitnessstudio für deinen Kopf. Dass du beim ersten Mal noch keine extremen Veränderungen siehst, ist nichts Neues. Wenn du das erste Mal ins Fitnessstudio gehst und deinen Körper trainierst, gehst du auch nicht direkt mit deinem Traumkörper nach Hause. Um dein gewünschtes Ziel zu erreichen, darfst du in regelmäßigen Abständen über einen längeren Zeitraum immer wieder zum Training gehen. Dein mentaler Trainingsprozess funktioniert genauso. Wenn du dir ein wenig Zeit und Geduld schenkst, dann wirst du immer besser darin werden, dir die richtigen Fragen zu stellen, und dein Assistent wird automatisch auch auf diese Affirmationsfragen bessere Antworten in Form von hilfreichen Gedanken finden. Allein die Tatsache, dass du das hier gerade liest und somit eine neue Strategie hast, um deine Gedanken zu kontrollieren, kann schon der erste positive Beweis für deine Veränderung sein.

Ich benutze diese Fragen immer wieder in meinen Coachings und das Ergebnis ist immer dasselbe.

Gerade erst kürzlich habe ich mit einer Athletin gesprochen, die bei ihrem Saisoneinstieg nicht ihre Topleistung abrufen konnte, dennoch aber auf Platz drei gelandet ist. Durch die kleinen Fehler, die sie beim ersten Weltcup noch gemacht hat, hat sich bei ihr eine gewisse Unsicherheit eingeschlichen. Ihr eigenes Selbstvertrauen in Bezug auf eine richtig gute Leistung beim nächsten Wettkampf war aktuell nur noch eine Sechs von Zehn. Sie war mehr damit beschäftigt, darüber nachzudenken, was passiert, wenn sie wieder Fehler macht. Sie hat sich unterbewusst immer öfter die Frage gestellt: „Warum werde ich beim nächsten Wettkampf auch wieder Fehler machen?“ Ihr Assistent hat einfach nur seine Arbeit gemacht und ihr die passenden Beweise geliefert. Das Resultat? Selbstzweifel und Unsicherheit. Ich habe ihr anschließend einfach nur die Frage gestellt: „Was spricht denn dafür, dass du beim nächsten Wettkampf deine absolute Bestleistung zeigen kannst?“ Nach kurzer Überlegung hat ihr Assistent auch hier wieder hervorragende Arbeit geleistet.

„Ich hatte schon öfter mal schlechtere Wettkämpfe und habe danach den nächsten Weltcup gewonnen.“

„Ich arbeite seit über 10 Monaten an meiner mentalen Stärke und fühle mich immer sicherer.“

„Ich bin Weltmeisterin und Weltcup-Gesamtsiegerin, ich weiß, wie das geht.“

„Ich hatte gestern hier am neuen Wettkampfort schon ein richtig gutes Training.“

Nach dieser Welle an Beweisen für ihre Leistungssteigerung beim nächsten Wettkampf habe ich sie noch einmal gefragt: „Wie hoch würdest du dein Selbstvertrauen für das kommende Wochenende jetzt einschätzen?“

Ihre Antwort: „Mindestens eine Acht oder Neun.“

Das ist die Macht von Affirmationsfragen.

Du übernimmst die Kontrolle über deinen Kopf, stellst dir bessere Fragen und bekommst bessere Antworten.

So wird aus dem Kreislauf deiner Gedanken, der dich vorher sabotiert hat, eine Aufwärtsspirale, die dir hilft, deine Ziele zu erreichen.

Lass uns das Vortragsbeispiel noch einmal aufgreifen und mit dieser neuen Strategie kombinieren, um dir das zu verdeutlichen.

Die Anfangssituation ist also wieder dieselbe. Du musst vor deinem Team und deinen Vorgesetzten eine Präsentation über die Ergebnisse deiner Arbeit der letzten Wochen halten. Es hat sich auch erst mal nichts daran geändert, dass du glaubst, nicht gut darin zu sein, vor Menschen zu sprechen. Doch anstatt wie sonst auch deinem negativen Glaubenssatz zu folgen, nutzt du dieses Mal einige Affirmationsfragen für dich.

„Was spricht dafür, dass ich richtig gut vorbereitet bin?“

„Warum bin ich gut darin, vor Menschen zu sprechen?“

„Warum wird meine Präsentation ein echter Erfolg?“

Ausgelöst durch diese Fragen wirst du dir dessen bewusst, wie viel Zeit du in die Vorbereitung investiert hast. Du erinnerst dich an Momente, in denen du problemlos und fehlerfrei vor Menschen sprechen konntest. Dir fallen Situationen ein, in denen du für deine gute Arbeit gelobt wurdest. All diese Beweise und hilfreichen Gedanken dominieren jetzt deinen Kopf. Doch nicht nur das. Du fühlst dich gut. Richtig gut sogar. Du fühlst dich sicher. Du hast Selbstvertrauen. Du bist optimistisch. Du entscheidest dich dazu, auch deine eigenen Ideen zu präsentieren und mutig für deine Vorschläge einzustehen. Genau in diesem Zustand gehst du in die Präsentation. Vor deinem Team steht plötzlich eine Person, die an sich glaubt. Die problemlos frei sprechen kann. Die offen neue Ideen kommuniziert und auf jede Frage eine Antwort hat. Du lieferst eine richtig gute Präsentation ab, vielleicht nicht die beste Präsentation deines Lebens, aber deutlich besser als jede Präsentation davor. Du verlässt das Meeting mit einem leichten Lächeln und du bist zufrieden mit dir.

„Vielleicht bin ich ja doch gut darin, vor Menschen zu sprechen?"

Ab diesem Punkt wird aus dem Kreislauf, der dich vorher blockiert hat, eine Aufwärtsspirale, die dich immer besser macht und den Glauben an dich und deine Fähigkeiten stärkt.

Ausgelöst durch deine Affirmationsfragen hast du eine positive Erfahrung gemacht, die dazu führt, dass du nicht nur anfängst, den alten, negativen Glaubenssatz zu hinterfragen, sondern auch den ersten Schritt hin zu einem neuen, positiven Glaubenssatz gemacht hast.

Die Betonung liegt dabei natürlich auf dem ersten Schritt. Wie schon erwähnt, es gibt nicht diesen magischen Schalter, den du in deinem Kopf einfach umlegen kannst, und dann ist alles gut. Doch es gibt die wundervolle Eigenschaft der Neuroplastizität, die es dir erlaubt, dein Gehirn in Aufbau und Funktionalität immer wieder umzustrukturieren. Das funktioniert nicht nur in jungen Jahren, sondern, wie die Wissenschaft inzwischen gezeigt hat, bis ins höchste Alter.

Um dich mithilfe der Affirmationsfragen weiter auf der Aufwärtsspirale nach oben zu bewegen, braucht es Geduld und Wiederholungen. Bisher hast du in deinem Gehirn vor allem die neuronalen „Autobahnen" deiner alten, negativen Glaubenssätze genutzt. Der Abbau dieser alten

Autobahnen und der Aufbau deiner neuen, positiven Autobahnen sind nicht von heute auf morgen abgeschlossen. Doch je öfter du daran arbeitest, desto einfacher wird es.

Mit den Affirmationsfragen hast du die Möglichkeit, deine Glaubenssätze langfristig und nachhaltig zu verändern und dich zusätzlich im Hier und Jetzt schon so zu verhalten, wie du es dir wünschst.

4.5.
ZUSAMMENFASSUNG

Wichtigste Punkte:

- Ändere deine Perspektive und du siehst die Welt mit ganz anderen Augen.

- Alles beginnt mit deinen Überzeugungen und Gedanken. Solange dein Kopf dich kontrolliert und nicht andersherum, wirst du immer wieder Schwierigkeiten haben.

- Affirmationen arbeiten gegen dein Unterbewusstsein, und anstatt problemlos und schnell neue Glaubenssätze aufzunehmen, sabotierst du dich selbst.

- Du bist nicht der Sklave deines Kopfes. Du bist der bzw. die CEO deines Kopfes.

- Durch Affirmationsfragen stellst du deinem Assistenten bessere Fragen und bekommst so bessere Antworten in Form von hilfreichen Gedanken.

5.0.
SEIN - TUN - HABEN

„I'll always be Number 1 to myself."

- Moses Malone

Jetzt schon, als die neue, verbesserte Version von dir handeln und auftreten zu können, gibt dir einen gewaltigen Vorteil. Du musst deinen gewünschten Zustand des Seins nicht auf die Zukunft verschieben und kannst dich endlich von deinen alten Denk- und Verhaltensweisen verabschieden.

Das Ziel darf es also sein, deine gewünschte Veränderung so schnell wie möglich zu leben und eine echte Veränderung zu bewirken.

Standardmäßig verfolgen wir unsere Ziele bisher meistens nach folgendem Schema: Tun - Haben - Sein. Du tust etwas, um im Anschluss etwas zu haben, und dadurch etwas zu sein.

Das kann viele Formen haben. Lass uns einfach mal zwei Beispiele betrachten.

Vielleicht bedeutet „Tun - Haben - Sein", dass du jetzt tagtäglich so viel arbeitest wie nur möglich (Tun), um dadurch möglichst viel Erfolg zu haben und Geld zu verdienen (Haben), damit du dich dann zurückzulehnen und gut fühlen kannst (Sein).

Vielleicht bedeutet es auch, dass du von Montag bis Freitag alles für die Arbeit aufopferst (Tun), um dann ein freies Wochenende zu haben

(Haben), an dem du endlich Zeit mit deinen Liebsten verbringen kannst und Zeit für deine Hobbys hast (Sein).

In beiden Fällen verschiebst du das gewünschte Ziel ganz ans Ende. Der Seinszustand am Ende ist das, wonach wir wirklich streben. Geld, Erfolg, Freizeit, alles auf der Haben-Seite ist nur ein Mittel zum Zweck. Was du wirklich willst, ist, glücklich sein, entspannt sein, verbunden sein mit deinen Liebsten, gesund sein. Es geht immer um das, was du sein willst, doch genau dieses wichtigste Ziel setzen wir leider immer wieder ans Ende all unserer Bestrebungen. Das Ergebnis? Unzufriedenheit, Frustration, Überforderung, im schlimmsten Fall sogar Burn-out. Doch warum ist das so?

„Tun - Haben - Sein" ist die Lebensphilosophie des Bergtouristen. Er glaubt, erst auf den Berg gelangen zu müssen, um dann sein Gipfelfoto zu haben, und sich so gut fühlen zu können. Der Bergtourist glaubt, dass sein gewünschter Seinszustand an Konditionen geknüpft ist und nicht erreichbar ist, ohne vorher etwas zu tun bzw. zu haben.

Warum aber folgen wir dann immer wieder diesem Ablauf, wenn er doch überhaupt nicht hilfreich ist? Wir wachsen in der westlichen Welt mit diesem Ablauf auf. Wir kennen nichts anderes. Uns wird nie etwas anderes beigebracht. Auch ich habe lange Zeit nach diesem Schema gelebt und bin der scheinbar unerreichbaren Karotte hinterhergelaufen, die immer nah genug vor mir baumelte, um doch weiter in diesem schädlichen System gefangen zu bleiben. Ich glaube, innerlich fühlen wir alle nach einiger Zeit, dass diese Art zu leben nicht richtig ist. Sie entspricht nicht unserer menschlichen Natur und das zeigt sich auch in den Schwierigkeiten, die der Ablauf von „Tun - Haben - Sein" mit sich bringt.

1. Kurzfristige Befriedigung

Meist beschert uns dieser Ablauf nur kurze Momente in dem Seinszustand, den wir so herbeigesehnt haben. Das neue Auto oder die neue Wohnung machen dich nur für ein paar Tage glücklich, wenn überhaupt. Das entspannte und glückliche Wochenende ist nach zwei Tagen wieder vorbei. Das Gefühl, wertvoll zu sein, weil du deinen Abschluss geschafft hast, verpufft direkt wieder, sobald du im nächsten Job wieder erst einmal durch dein Tun deinen Wert beweisen musst.

2. Fehlende Ressourcen im jetzigen Moment

Das, wonach du eigentlich strebst, nämlich dem Seinszustand von beispielsweise Glück oder Gelassenheit, fehlt dir im Hier und Jetzt und macht deinen Weg dahin noch schwerer. Wenn du glaubst, nur mit einem bestimmten Besitztum glücklich zu sein, dann fehlt dir dieses Glück auf dem Weg dahin. Dasselbe gilt auch für die Gelassenheit. Wenn du diesen Zustand am Wochenende herbeisehnst, dann fehlt er dir während der Arbeitswoche.

3. Das Streben nach dem Unerreichbaren

Du läufst einem Ideal hinterher, welches nicht deiner Natur entspricht. Erst glücklich zu sein, wenn du etwas Bestimmtes besitzt, macht dich nicht glücklich, sondern abhängig. Nur gelassen sein zu können, wenn du nichts tun musst, führt nicht zu echter Gelassenheit, sondern zu der Unfähigkeit, gut mit Stress umgehen zu können.

Kurz und knapp: Der alte Weg von „Tun - Haben - Sein“ hat ausgedient. Was du brauchst, ist eine komplett neue Herangehensweise. Und wo findest du die? Einerseits in vielen fernöstlichen Philosophien, andererseits im Spitzensport. Bei den besten Athleten der Welt, denn sie haben verstanden, dass es einen anderen Weg braucht, um wirklich das Beste aus sich herauszuholen.

Nehmen wir zum Beispiel mal Muhammad Ali. Auch wenn du vielleicht, so wie ich, zu jung bist, um jemals einen Kampf von Ali gesehen zu haben, hast du ziemlich sicher schon mal etwas von ihm gehört. Eine der bekanntesten Aussagen von Muhammad Ali ist sein legendärer Spruch: „I am the greatest." Klar, er war der beste Boxer seiner Zeit und einer der besten aller Zeiten. Da ist so eine Aussage doch vollkommen gerechtfertigt, oder nicht? Wäre Ali dem Ablauf von „Tun - Haben - Sein„ gefolgt, dann wäre es vielleicht niemals zu dieser Aussage gekommen. Das Spannende an dem Spruch „I am the greatest" ist, dass Ali ihn nicht erst gesagt hat, nachdem er bereits der Größte seiner Zeit war. Das erste Mal hat er diesen Spruch öffentlich kundgetan, als er noch nicht einmal einen Titelkampf hatte, geschweige denn einen Weltmeistertitel. Er war also sportlich gesehen noch weit davon entfernt, der Größte zu sein, und dennoch hat er so über sich selbst gesprochen. Sein Bild von sich selbst war: „I am the greatest." Erst im Anschluss hat er seine großartigsten Kämpfe bestritten, weltweite Berühmtheit erlangt und große Titel gewonnen.

Ähnlich verlief die Karriere von Cristiano Ronaldo. Über sein Auftreten lässt sich streiten, über seine Titel, Fähigkeiten und Rekorde nicht. Ohne Zweifel ist Cristiano Ronaldo einer der besten Fußballer aller Zeiten. Unabhängig von seinen fußballerischen Fähigkeiten hebt sich vor allem Ronaldos Einstellung von der vieler anderer Spieler ab. Eine Aussage, die das bestätigt, hat er im Laufe seiner Karriere öfter wiederholt: „In meinem Kopf bin ich immer der Beste. Egal was passiert und egal wie viel Kritik ich bekomme. In meinem Kopf bin ich immer der Beste." Der Erfolg gibt ihm recht. Da kann man schon mal so eine

Aussage treffen. Doch wie auch bei Muhammad Ali hat Ronaldo diese Einstellung nicht erst seit seinen großen Erfolgen. Dieses Selbstbild hat er für sich schon lange vor seinem Durchbruch aufgebaut. Bereits vor dem Start seiner beeindruckenden Karriere war er fest davon überzeugt, „der Beste“ zu sein. Und genauso ist er auch aufgetreten. Sein Selbstvertrauen hat alle anderen Spieler auf dem Feld überragt, genau wie später seine Titel und Rekorde.

Erkennst du das Muster? Weder Muhammad Ali noch Cristiano Ronaldo sind dem Ablauf von „Tun - Haben - Sein“ gefolgt. Beide haben diesen Ablauf auf den Kopf gestellt und neu geformt.

Ihre Erfolgsformel lautet: Sein - Tun - Haben.

Nicht nur für Spitzensportler sorgt diese Formel für Erfolg, sondern auch für dich.

Überleg mal selbst, wie oft wünschst du dir, im Alltag in bestimmten Situationen gelassener oder fokussierter zu sein?

Vielleicht hast du aus genau dem Grund zu diesem Buch gegriffen, weil du dir erhoffst, dadurch auf die wichtigsten und schwierigsten Situationen des Alltags besser vorbereitet zu sein.

Der Weg dahin führt über den neuen Weg von „Sein - Tun - Haben“. Das ist die Lebensphilosophie des Wanderers, der auch auf dem Weg zum Gipfel schon glücklich sein kann und den Weg genießen kann, sodass er auch den längsten und schwierigsten Aufstieg meistern kann und so Gipfel erklimmt, die andere nie erreichen.

ALTER WEG

Tun - Haben - Sein

NEUER WEG

Sein - Tun - Haben

Für deinen Alltag bedeutet das, dafür zu sorgen, dass du in jedem Moment deines Alltags schon alles hast bzw. bist, um alle Herausforderungen bestmöglich zu meistern.

Du darfst alte Denk- und Verhaltensweisen hinter dir lassen, bei denen du vielleicht einfach versucht hast, den Tag irgendwie zu überstehen, um dich dann entspannen zu können.

Ab sofort darf dein Fokus darauf liegen, dir bewusst zu machen, wer du sein willst bzw. musst, um die täglichen Herausforderungen deines Tages bestmöglich zu lösen.

Genauso wie Cristiano Ronaldo und Muhammad Ali sich darauf konzentriert haben, erst im Kopf „der Beste" zu sein, kannst du dich darauf fokussieren, welchen mentalen und emotionalen Ausgangszustand du für deine Ziele brauchst. Oder wie LeBon James so schön gesagt hat: „Bevor du auf dem Spielfeld gewinnen kannst, musst du erst das Spiel in deinem Kopf gewinnen." Dein Spielfeld ist dein Alltag. All die Situationen, in denen du deine beste Leistung zeigen möchtest, gleichzeitig aber auch gelassen, fokussiert und glücklich sein willst.

Es braucht also ein Umdenken. Was nützt dir die Entspannung am Feierabend, wenn du morgens bei der ersten schwierigen Situation im Büro wieder komplett gestresst bist?

Was bringt dir das Gefühl von Gelassenheit und innerer Ruhe, welches du am Wochenende hast, wenn du im Laufe der Arbeitswoche nie darauf zurückgreifen kannst?

Oder noch größer gedacht: Was ist deine Zeit hier auf diesem Planeten überhaupt wert, wenn du bei dem, was einen Großteil deines Lebens füllt, nicht glücklich sein kannst?

Solange du in dem alten Ablauf feststeckst, wirst du weiterhin der unerreichbaren Karotte hinterherlaufen, ohne sie jemals wirklich zu bekommen. Die Karotte steht dabei sinnbildlich für alles, was du wirklich sein willst. Glücklich, erfolgreich, gesund, zufrieden, entspannt, was auch immer es für dich ist.

Analog zu Cristiano Ronaldo, Muhammed Ali und vielen weiteren Spitzensportlern darfst du diesen Seinszustand für dich jetzt schon verfügbar machen.

Den Grund dafür solltest du inzwischen erkannt haben.

Wenn du gerade kurz vor einem schwierigen Kundengespräch stehst, das dich wirklich herausfordert, dann willst du dieses Gespräch nicht einfach nur irgendwie überstehen, um danach wieder durchatmen zu können. Du willst schon vor und während des Gespräches ruhig und gelassen sein, um das bestmögliche Ergebnis zu erzielen.

Mit dem Ansatz von „Sein - Tun - Haben“ kommst du genau dahin.

Jetzt fragst du dich vielleicht, wie das so einfach funktionieren soll, wenn du es bisher auch nicht geschafft hast, das umzusetzen.

Der erste Schritt dahin ist die Beantwortung einer der wichtigsten Fragen deines Lebens.

5.1.
WER WILLST DU SEIN?

„You've got to be very careful if you don't know where you are going, because you might not get there."

- Yogi Berra

Seit Jahrtausenden stellen sich die Menschen immer wieder die Frage: „Wer bin ich?" Auch wenn das grundsätzlich eine wertvolle Frage auf dem Weg deiner Entwicklung sein kann, ist es in dem Kontext, in dem wir uns hier gerade bewegen, die falsche Frage.

Was passiert, wenn du dich jetzt fragst, wer du bist?

Du wirst wahrscheinlich zuerst an deinen Namen denken, dann folgen Aspekte wie dein Geschlecht, dein Alter, dein Beruf. Bleibst du weiter bei dieser Frage, kommst du vielleicht zu Antworten wie:

„Ich bin gut mit Menschen."

„Ich bin jemand, der sich schnell stressen lässt."

Spätestens an diesem Punkt führt die Frage dich tendenziell nicht mehr in die richtige Richtung. All deine Antworten, die sich darum drehen, worin du gut oder schlecht bist, basieren auf deinen aktuellen Glaubenssätzen und Erfahrungen. Sie beschreiben, wer du aktuell glaubst zu sein, doch sie hindern dich daran, dein wahres Potenzial zu erkennen.

Das bedeutet, wenn du aktuell der Meinung bist, nicht gut mit Stress und Leistungsdruck umgehen zu können, dann wirst du dich als eine Person beschreiben, die nicht gut darin ist.

Die Frage „Wer bin ich?“ gibt dir also erst einmal nur einen Aufschluss über deinen aktuellen Standpunkt.

Kurze Randbemerkung für die Philosophen unter meinen Lesern: Für den Moment klammern wir mal die größere, spirituelle Bedeutung von „Wer bin ich?“ aus.

Bleiben wir zunächst auf dieser für alle greifbaren Ebene. In diesem Kontext stellen wir fest, dass die Frage „Wer bin ich?“ je nach Ausgangssituation nicht wirklich hilfreich ist.

Erinnere dich noch mal kurz an das Beispiel von Muhammad Ali und die Tatsache, dass seine erste „I am the Greatest“-Aussage aus der Zeit vor seinen ganzen Erfolgen stammt. Hätte er sich zu dem Zeitpunkt nur gefragt, wer er ist, dann wäre seine Antwort vielleicht in etwa so ausgefallen:

„Ich bin ein unbekannter Boxer, der noch keinen großen Titel gewonnen hat und noch nicht bewiesen hat, dass er wirklich gut ist.“

Glaubst du, diese Erkenntnis hätte ihm dasselbe Selbstvertrauen gegeben wie seine tatsächliche Aussage?

Die wichtigste Frage, die du dir stellen darfst, ist:

„Wer will ich sein?“

Diese Frage liefert dir eine dauerhafte Orientierung, völlig unabhängig von dem, was du tust oder hast.

Wie du dich verhältst, ist letztendlich immer eine Aussage darüber, wer du bist, und so ergibt sich dann auch, was du hast.

Wenn du eine mental starke Person bist und gut mit Stress umgehen kannst, dann wirst du auch in den schwierigsten Phasen ruhig und gelassen bleiben und so dafür sorgen, dass dein Leben deutlich entspannter ist.

Wenn du jemand bist, der bei der kleinsten Belastung den Kopf verliert, dann wirst du im Alltag permanent hohen Stress erleben und dadurch einen ziemlich anstrengenden Alltag haben.

Die Frage lautet also:

Wer willst du sein?

Ich lade dich an dieser Stelle ein, dir wirklich Zeit zu nehmen, um diese Frage ausführlich zu beantworten. Deine Antworten auf diese Frage sind ein essenzieller Baustein, um die nächsten Schritte nach vorn zu machen. Um es dir etwas leichter zu machen, betrachte gerne deine aktuellen Herausforderungen als Grundlage. Schau dir an, wer du deiner Meinung nach aktuell bist und worin du gut oder schlecht bist. Schlussfolgere daraus, wer du sein willst, um das Leben zu führen, welches du dir wünschst.

Für deine Überlegungen kannst du gerne diesen Fragen folgen:

Wer will ich sein?

Wie will ich denken?

Wie will ich mich fühlen?

Wie will ich mich verhalten?

Wie will ich auf bestimmte Einflüsse reagieren?

Die Antworten auf diese Fragen sind auch in meinem Coaching, egal ob im Sport oder Business, immer die Grundlage der Zusammenarbeit.

Es ist schön und gut, zu wissen, welche Erfolge du feiern willst und was du erreichen willst, doch die Grundlage dafür ist dein Seinszustand.

Nur wenn du die Person bist, die in der Lage ist, diese Erfolge zu erreichen, dann hast du eine Chance. Die Tatsache, dass du deine Ziele aktuell noch nicht erreicht hast, zeigt nur, dass du noch nicht die Person bist, die deine Ziele erreichen kann.

Genau deshalb darfst du zuerst eine klare Vision davon erschaffen, wer du sein willst. Wie du diese Vision dann auch im Alltag mit Leben füllst, schauen wir uns später an. Für den Moment darfst du dich vor allem auf den mentalen und emotionalen Ausgangspunkt konzentrieren, denn letztendlich leben wir in einem mentalen Universum, in dem alles aus deinen Gedanken heraus entsteht.

5.2.
DU ERSCHAFFST DEINE REALITÄT

„You should always be aware that your head creates your world."

- Ken Keyes Jr.

Wir haben bereits betrachtet, welchen Einfluss deine Glaubenssätze und Gedanken auf dein Leben haben. Der Kreislauf, der mit deinen Erfahrungen endet, beginnt immer auf mentaler Ebene. Der Einfluss deiner Gedanken geht jedoch weit darüber hinaus.

You create your own reality.

Genauer betrachtet, erschaffst du die Welt um dich herum durch deine Gedanken und den Fokus deiner Aufmerksamkeit. Du erschaffst alles. Das Gute, aber auch das scheinbar Schlechte in deinem Leben. Alles ist eine Folge deiner Gedanken.

Vielleicht hast du schon einmal das Sprichwort gehört: „Du siehst die Welt, nicht wie sie ist, sondern wie du bist."

Im ersten Moment mag das etwas verwirrend klingen, doch im Alltag machst du immer wieder genau diese Erfahrungen. Du hast sie nur vielleicht bisher nicht bewusst wahrgenommen.

Erinnere dich an einen Tag, an dem du richtig schlecht gelaunt warst. Du bist morgens aufgewacht und wusstest direkt: „Das ist heute nicht mein Tag." Am liebsten wärst du einfach im Bett liegen geblieben, doch es ging nicht anders. Du musstest raus in die Welt. Deine schlechte Laune hat dich den ganzen Tag begleitet. Welche Erfahrungen machst du an so einem Tag?

In diesen 24 Stunden hast du die Welt wahrscheinlich als einen Ort voller Frustration, Stress, Wut und Negativität für dich erlebt. Die Menschen, die du getroffen hast, waren offensichtlich auch alle schlecht gelaunt, und es machte den Eindruck, als wäre alles und jeder gegen dich.

Kommt dir das bekannt vor?

Dann lass uns noch mal einen anderen Tag betrachten. Erinnere dich an einen Tag, an dem du morgens gut erholt, voller Energie und mit einem Lächeln aus dem Bett gesprungen bist. Während du deinen morgendlichen Kaffee zubereitet hast, bist du durch die Küche getanzt und im Anschluss hast du freudestrahlend das Haus verlassen.

Wie lief dieser Tag für dich?

Plötzlich sind die Menschen um dich herum auch richtig gut gelaunt. Du schenkst ihnen ein Lächeln und bekommst ein Lächeln zurück. Die Arbeit geht dir leicht von der Hand und am Abend kannst du dich dankbar und zufrieden ins Bett fallen lassen.

Hat sich die Welt an diesem Tag plötzlich verändert? Bist du auf einem anderen Planeten aufgewacht?

Nein, nur du hast dich verändert und im Anschluss hat sich alles um dich herum auch verändert.

Statt gefrustet, gestresst und schlecht gelaunt durch den Tag zu gehen, warst du viel positiver und hast dich gut gefühlt.

Du warst eine andere Version von dir, und schon hast du völlig andere Erfahrungen gemacht.

Das bedeutet im Umkehrschluss: Du erschaffst dir deine eigene Realität. Wenn du das Haus verlässt und fest davon überzeugt bist, dass es der schlimmste Tag aller Zeiten ist und die ganze Welt gegen dich ist, dann wirst du genau diese Erfahrungen machen.

Verlässt du das Haus hingegen mit Optimismus, Freude und positiven Gedanken, dann wirst du auch das zurückbekommen.

Letztendlich bestimmen deine Gedanken und der Fokus deiner Aufmerksamkeit, welche Erfahrungen du machst.

Umso wichtiger ist es, dass du lernst, deine Gedanken zu kontrollieren und deine Aufmerksamkeit bewusst zu steuern. Wenn du die Rolle als CEO deines Kopfes einnimmst, dann bestimmst du, welche Gedanken priorisiert werden, und du legst auch fest, für welche Aufgaben die wertvolle Ressource deiner Aufmerksamkeit verwendet wird.

Damit du dir wirklich bewusst deine gewünschte Realität erschaffen kannst, gibt es einige Grundvoraussetzungen:

- Eigenverantwortung
- Selbstbewusstsein
- Selbstmitgefühl

Lass uns kurz alle drei Voraussetzungen einzeln betrachten.

1. Eigenverantwortung

Als CEO deines Kopfes kannst du nicht mit dem Finger auf andere zeigen. Du bist dafür verantwortlich, welche Gedanken du tolerierst und welche nicht. Du musst bereit sein, die maximale Verantwortung für dich und dein Leben zu übernehmen. Wie auch sonst solltest du in der Lage sein, dir dein Leben so zu gestalten, wie du es dir wünschst? Solange du diese Verantwortung an andere Menschen und äußere Umstände abgibst, wirst du nie das gewünschte Ergebnis bekommen.

2. Selbstbewusstsein

Wie schon zu Beginn unserer Reise hilft dir auch an dieser Stelle wieder das Bewusstsein über deine aktuellen Gedanken. Je besser du über die Abläufe in deinem Kopf Bescheid weißt, desto leichter fällt dir die Optimierung. Eine einfache Gewohnheit, die dein Bewusstsein dafür steigern kann, ist, deine Gedanken regelmäßig zu Papier zu bringen. Fünf bis zehn Minuten, in denen du abends deinen Tag reflektierst, werden dein Selbstbewusstsein in kürzester Zeit enorm steigern und dir zeigen, welche Gedanken immer wieder für Schwierigkeiten sorgen. Schreiben wirkt in dem Fall wie ein Spiegel, der dir zeigt, was in deinem Kopf vor sich geht. So verbesserst du automatisch die Beziehung zu dir selbst.

3. Selbstmitgefühl

Je mehr du dir deiner täglichen Gedanken bewusst wirst, desto mehr wirst du vielleicht feststellen, dass viele dieser Gedanken noch nicht wirklich hilfreich sind. Mit dem Wissen über die Kraft deiner Gedanken und durch das Streben nach Kontrolle über deinen Kopf hast du natürlich nur den höchsten Anspruch an dich selbst. Das Ziel sollte für dich also sein, wirklich gar keine negativen Gedanken mehr zu haben.

Alles oder nichts, richtig? Wenn das von Tag eins an dein Anspruch ist, dann wirst du ziemlich sicher scheitern. Wichtig ist, dass du immer besser darin wirst, deine Gedanken bewusst zu wählen und deine Aufmerksamkeit zu steuern. Dass dabei noch nicht alles rund läuft, ist völlig normal. Auch hier darf sich erst einmal eine gewisse Routine einstellen. Was du dabei nicht brauchst, ist der Kritiker in dir, der dich dann für jeden negativen Gedanken verurteilt.

Warum? Weil es nicht auf jeden einzelnen Gedanken ankommt.

5.3.

DIE ABSOLUTE MEHRHEIT DEINER GEDANKEN

„The mind is everything. What you think you become.“

- Buddha

Wenn es darum geht, deine Gedanken so anzupassen, dass sie dich bestmöglich unterstützen, dann musst du nicht jeden Gedanken als Gefahr für dich betrachten. Viel entscheidender ist, welchen Gedanken du deine Aufmerksamkeit schenkst.

Lass uns das an einem Beispiel näher betrachten.

Stell dir vor, dass du in deiner Wohnung zwei Blumentöpfe stehen hast. In dem einen Blumentopf befindet sich ein Sonnenblumenkern, in dem anderen der Samen für Unkraut. Da du Sonnenblumen liebst, kümmerst du dich natürlich besonders gut um diesen Samen. Und den Samen des Unkrauts? Den lässt du einfach links liegen. Während der Sonnenblumenkern deine beste Pflege und ausreichend Sonne und Wasser bekommt, ignorierst du den anderen Blumentopf einfach. Was passiert dadurch? Dein Sonnenblumenkern wird keimen, du wirst die ersten Sprossen sehen und irgendwann kannst du dich an einer wunderschönen Sonnenblume erfreuen. Der Unkrautsamen ist dagegen einfach in der Erde verkümmert. Du hast ihm kein Wasser gegeben, keine Sonne, keinen Dünger. Der Samen selbst ist immer noch da, das Unkraut jedoch hatte keinen Nährboden zum Wachsen.

Was sagt dir das für deine Gedanken?

Es geht nicht darum, dass du an einen Punkt kommst, an dem du keine negativen Gedanken mehr hast. Das ist pure Illusion. Viel wichtiger ist, welchen Gedanken du deine Aufmerksamkeit schenkst. Bei jedem Gedanken hast du, ähnlich wie bei den Samen im Blumentopf, die Wahl, ob du diesem Samen dabei hilfst, zu wachsen, oder ob du ihn einfach ignorierst. Sonne, Wasser und Dünger für deine Gedanken sind hierbei deine Aufmerksamkeit, deine Energie und deine Zeit. Je mehr du von diesen Ressourcen in einen Gedanken investierst, desto größer und stärker wird er. Das gilt sowohl für deine hilfreichen als auch für deine nicht hilfreichen Gedanken.

Betrachtest du all deine Gedanken aus dieser Perspektive, dann wird schnell klar, dass es nicht auf jeden einzelnen Gedanken ankommt. Was wirklich zählt, ist die Mehrheit deiner Gedanken. Was ist schon ein Selbstzweifel im Vergleich zu einhundert Gedanken des Selbstvertrauens? Solange du diesem Selbstzweifel keine weitere Beachtung schenkst, wird er in der Masse einfach untergehen.

Earl Nightingale hat mal gesagt: „We become what we think about most of the time."

Wir werden zu dem, worüber wir die meiste Zeit nachdenken.

Erkennst du den entscheidenden Punkt? Es geht um die Mehrheit deiner Gedanken, nicht um jeden einzelnen Gedanken. Und das ist auch gut so. Stell dir einmal vor, was für eine Achterbahnfahrt dein Leben wäre, wenn jeder Gedanke einen direkten, greifbaren Einfluss auf dein Leben hätte. Irgendwann würdest du nur noch verängstigt in deiner Wohnung sitzen, weil du dich davor fürchtest, auch nur einen negativen Gedanken zu haben.

Glücklicherweise ist das nicht der Fall. Den wirklich entscheidenden Einfluss auf dein Leben hat die Mehrheit deiner Gedanken.

Dein Ziel muss es also nicht sein, an einen Punkt zu kommen, an dem du nie mehr an dir zweifelst oder andere negative Gedanken hast. Ich kann dir sagen, dass selbst die besten Athleten der Welt immer wieder an sich zweifeln. Selbst nach den größten Erfolgen. Selbst wenn sie an der Weltspitze angekommen sind, gibt es immer noch Selbstzweifel. Jeden dieser nicht hilfreichen Gedanken auszulöschen, wäre ein Kampf, den du nicht gewinnen kannst. Anstatt also deine Zeit, dein Potenzial und deine Energie in diesem aussichtslosen Kampf zu verschwenden, kannst du deine Ressourcen viel besser dafür nutzen, den Großteil deiner Gedanken so zu gestalten, wie du es dir vorstellst.

Du hast die Wahl, welchen Gedanken du deine Aufmerksamkeit schenkst, wobei auch hier natürlich wieder Achtsamkeit gefragt ist. Nur wenn du wirklich präsent bist, kannst du deine Gedanken auch wahrnehmen und dich immer wieder neu entscheiden, welchen Gedanken du deine wertvollsten Ressourcen zukommen lässt, und welche du einfach ignorierst.

Vielleicht überfordert dich die Vorstellung, deine Gedanken so bewusst wahrzunehmen, gerade noch. Der Weg dahin ist jedoch einfacher, als du glaubst. Du wirst bereits einen großen Schritt machen, wenn du das 30-tägige Trainingsprogramm absolvierst, welches du begleitend zu diesem Buch kostenfrei bekommst.

Deinen Zugang erhältst du unter: http://mindact.io/buch. Den dafür nötigen Code findest du auf der letzten Seite dieses Buches.

5.4.

DER WEG ZEIGT SICH

„Hold the Vision ... drop the excuses ... remember your why. Swerve around obstacles ... trust the process. Happiness and success will find you."

- Karen Salmansohn.

Wenn du in Zukunft nach dem Konzept von „Sein - Tun - Haben" lebst, dir ganz genau bewusst bist, wer du sein willst, und darauf achtest, den Großteil deiner Gedanken positiv zu gestalten, dann hast du ein gewaltiges Potenzial zur Veränderung.

Ich weiß aus der Erfahrung heraus jedoch auch, dass dieses Potenzial anfangs etwas überfordernd sein kann. Du siehst all diese Möglichkeiten, die du hast. Du erkennst, dass du deine Zukunft aktiv gestalten kannst. Vielleicht stellst du aber auch fest, dass du aktuell noch weit davon entfernt bist.

Du machst dir bewusst, wer du sein willst, und fragst dich parallel auch: „Wie soll ich nur dahin kommen?"

Ich weiß, wie sich das anfühlt. Auch ich war lange Zeit immer wieder überfordert mit den Möglichkeiten, bis mir eine Weisheit in den Sinn gekommen ist.

Ich war 2022 auf einem viertägigen Männer-Retreat in Portugal. Zum Abschluss haben wir alle gemeinsam einen fast dreistündigen Spaziergang an der Küste gemacht. Die Tage und Nächte davor waren sehr intensiv. Mein Notizbuch war schon bis zum Rand mit Erkenntnissen gefüllt und doch gingen mir immer noch tausend Fragen durch den Kopf. Ich war überfordert, weil der Weg zu dem, was ich gerade erst gesehen und erkannt hatte, in dem Moment einfach viel zu weit war.

„Wie soll ich das nur schaffen? Wie soll ich all das umsetzen?"

Während des Spaziergangs sind wir dann an einen Punkt gekommen, an dem der Weg um die Klippe herum führte, und ich von meinem jetzigen Standpunkt gar nicht sehen konnte, wohin der Weg führt. Im ersten Moment sah es so aus, als würde der Weg an der Spitze der Klippe einfach enden. Doch mit jedem Schritt, den ich gegangen bin, konnte ich mehr und mehr erkennen, wie es weitergeht.

Genau das war mein Aha-Moment.

Der Weg zeigt sich, wenn du anfängst, ihn zu gehen.

Du musst nicht jetzt schon im Detail wissen, wie du zu deiner besten Version wirst und wie viele Schritte es dafür braucht. Alles, was du tun musst, ist den ersten Schritt zu gehen. Und dann den nächsten. Und dann den nächsten.

Der weitere Weg wird sich dir mit jedem deiner Schritte zeigen.

Im Übrigen ist das auch der einfachste Weg, um jeder Überforderung zu entkommen. Wenn du mit einer Situation überfordert bist, dann bedeutet das ganz einfach, dass deine aktuellen Fähigkeiten, Ressourcen und Möglichkeiten nicht ausreichen, um die vor dir liegende Herausforderung zu meistern. Selbst wenn sie ausreichen würden, fehlt dir aktuell das Selbstvertrauen dafür. Solange du deinen Fokus weiterhin darauf legst, diese riesige Herausforderung meistern zu müssen, bleibst du in der Überforderung. Wenn du allerdings nur darauf achtest, was jetzt der erste kleine Schritt ist, den du gehen kannst, dann scheint das plötzlich machbar zu sein. Für diesen kleinen Schritt hast du genügend Ressourcen und genug Selbstvertrauen.

Auch hierfür liefert uns der Sport wieder ein einfaches und nachvollziehbares Beispiel.

Stell dir vor, du bist bei einem Radrennen und eigentlich ist deine Chance auf die vorderen Plätze ganz gut, doch dann platzt dein Reifen und du fällst weit zurück. Als du wieder aufs Rad steigst, ist die Spitze in weite Ferne gerückt. Zwischen dir und dem Podium liegen mehr als 20 Athleten und viele Minuten. Wenn du dich in dem Moment nur darauf konzentrierst, noch unter den ersten Drei zu landen, kann das schnell zur Überforderung führen. Viel zu weit scheint der Weg nach vorn, und gerade nach dieser Panne fehlt dir das nötige Selbstvertrauen, um von so einer Aufholjagd überzeugt zu sein. Was ist aber, wenn du dich nur auf den Konkurrenten unmittelbar vor dir konzentrierst? Glaubst du, dass du den überholen kannst? Mit Sicherheit. Natürlich hast du die Fähigkeiten und Möglichkeiten, um einen Platz gutzumachen. Und danach machst du einfach so weiter. In kleinen, machbaren Schritten arbeitest du dich nach vorn. Platzierung für Platzierung. Und bevor du es überhaupt merkst, bist du wieder in Schlagdistanz zur Spitze. Plötzlich scheint das Ziel, welches dich noch vor einigen Minuten überfordert hat, in greifbarer Nähe. Nur weil du es dir erlaubt hast, in kleinen Schritten zu denken.

Wie schon gesagt: „Der Weg zeigt sich, wenn du anfängst, ihn zu gehen.“

Was ist der erste, kleine Schritt, den du heute gehen kannst, um deiner besten Version näherzukommen?

5.5.
ZUSAMMENFASSUNG

Wichtigste Punkte:

- Der alte Ablauf von „Tun - Haben - Sein“ hat ausgedient. Die neue Erfolgsformel lautet: „Sein - Tun - Haben“
- Die wichtigste Frage für deine gewünschte Veränderung lautet: Wer willst du sein? Diese Frage liefert dir eine dauerhafte Orientierung.
- „You create your own reality.“ Du erschaffst die Welt um dich herum durch deine Gedanken und den Fokus deiner Aufmerksamkeit.
- Du wirst zu dem, worüber du die meiste Zeit nachdenkst. Entscheidend ist nicht jeder einzelne Gedanke, sondern der Großteil deiner Gedanken.
- Der Weg zeigt sich, wenn du anfängst, ihn zu gehen. Du musst nicht direkt jedes Detail deines Weges kennen. Alles, was es braucht, ist der erste Schritt.

6.0.
NUTZE DEINE RESSOURCEN

„We have the capacity to become a unique and special person unlike any other. Draw on your inner resources. Live while you still can. Become all that you can be."

- Angie Karan

Wir sind oft unglaublich gut darin, zu erkennen, was uns noch fehlt, und sehr schlecht darin, zu sehen, was wir schon haben.

Wenn du andere Menschen nach ihren Stärken fragst, herrscht oft erst einmal Stille. Lässt du sie jedoch über ihre Schwächen sprechen, dann wissen sie genau, worin sie nicht gut sind.

Selbst unsere größten Erfolge verblassen oft im Angesicht der nächsten Niederlage.

In der Psychologie wird das als Negativitätseffekt (engl. Negativity Bias) bezeichnet. Dieser Effekt beschreibt, dass sich negative Gedanken, Gefühle oder Erlebnisse psychisch stärker als neutrale oder positive auswirken, auch wenn sie in gleicher Intensität auftreten. Heißt, negative Erlebnisse und Erfahrungen sind in deiner Erinnerung oft viel präsenter als positive. Wir alle haben also einen Hang zur Negativität.

Glücklicherweise kannst du das jedoch ändern. Und es ist auch extrem wichtig, dass du das änderst, denn in Wirklichkeit bringst du für deine gewünschte Veränderung schon viel mehr mit, als du glaubst. Du hast in deinem Leben bereits unzählige Erfolge gesammelt, große und kleine.

Du hast alle Herausforderungen gemeistert, denen du bisher gegenüber standest. Du hast schon so viele Probleme gelöst. Alles, was du bisher erlebt hast, ist entweder ein Beweis für deine Stärke oder für deine Schwäche. Entscheidend ist nur deine Perspektive.

Wenn du dem Negativitätseffekt weiter folgst, dann wirst du dich vor allem an all deine Fehler, Rückschläge und Niederlagen erinnern. Du wirst ganz genau wissen, welche Schwächen du hast, und all das zusammen wird eine riesige Mauer an Limitierungen aufbauen. Du kannst allerdings auch deinen Erfolgen und Fortschritten mehr Aufmerksamkeit geben. Mit der nötigen Aufmerksamkeit und Übung kannst du gezielt dafür sorgen, dass sich die positiven Erfahrungen und Erinnerungen immer stärker einprägen.

2019 habe ich mit einem amtierenden Olympiasieger zusammengearbeitet, der in der nach-olympischen Saison einige Schwierigkeiten hatte. In vielen Bereichen fehlte die alte Leichtigkeit und das eigene Selbstvertrauen war komplett verloren gegangen. In erster Linie lag das an einigen schlechten Trainingseinheiten und dem misslungenen Start in die neue Saison. Natürlich sind das Negativerlebnisse, doch nicht mal ein Jahr davor ist derselbe Athlet Olympiasieger geworden. In den Jahren davor gehörte er immer wieder zur Weltspitze und hat Erfolge gesammelt, doch nur eine schlechte Vorbereitungsphase und vergleichsweise wenige negative Erfahrungen haben ihm direkt das Gefühl gegeben, nicht mehr gut genug zu sein. Er hatte sich selbst eine Brille aufgesetzt, durch die seine Erfolge nicht mehr sichtbar waren. Die Hauptaufgabe war es hier, erst einmal wieder den Fokus zu verändern. Wieder bewusst die kleinen Erfolge wahrzunehmen und sich auch immer wieder an die großen Erfolge der jüngeren Vergangenheit zu erinnern. Er musste die „Negativbrille" absetzen, um wieder Selbstvertrauen tanken zu können. Nachdem sich sein Fokus verändert hatte, ging es auch für ihn wieder bergauf und inzwischen gelingt es ihm immer wieder, Top-Ergebnisse zu erzielen.

Du kannst selbst für dich testen, wie stark der Hang zur Negativität bei dir ausgeprägt ist. Nimm dir dafür einfach kurz Zeit, um folgende zwei Fragen zu beantworten:

1. Was waren bisher die größten Erfolge und schönsten Momente deines Lebens?

2. Was waren bisher die größten Rückschläge und schlimmsten Momente deines Lebens?

Achte einmal darauf, bei welcher Frage dir schneller mehr Antworten einfallen.

Unabhängig von dem Ergebnis kannst du deinen Fokus sehr einfach und schnell immer wieder auf die für dich wertvollen Momente und Erinnerungen legen.

Warum das so wichtig ist, wird schnell klar.

Stell dir vor, du stehst unmittelbar vor einem wichtigen Moment in deinem Leben, völlig egal, ob es ein Gespräch mit deinem zukünftigen Arbeitgeber ist, eine wichtige Geschäftspräsentation oder ein anderes Szenario. Du weißt selbst, was die wirklich wichtigen Momente in deinem Leben sind.

Mit welchem Gefühl du in diese Situationen reingehst, hängt vor allem von deinen Gedanken direkt davor ab. Im ersten Beispiel erinnerst du dich an alle Rückschläge und Fehler aus deinem Leben. Du rufst dir alle

Momente ins Gedächtnis, in denen du deiner Meinung nach gescheitert bist. Welches Gefühl wird daraus wohl entstehen? Wahrscheinlich eine Mischung aus Unsicherheit und der Angst, erneut zu versagen.

Im zweiten Beispiel übernimmst du die Kontrolle und erinnerst dich aktiv an all deine Erfolge, an alle Herausforderungen, die du gemeistert hast. Du rufst dir alle Momente in Erinnerung, in denen du über dich hinausgewachsen bist und richtig gute Erfahrungen gemacht hast. Welches Gefühl entsteht jetzt? Ziemlich sicher ein Mix aus Stärke, Selbstvertrauen und Zuversicht.

Erkennst du jetzt den Wert deiner positiven Erinnerungen?

Deine Vergangenheit bietet dir zwei Optionen: Entweder nutzt du alle negativen Erfahrungen als Ausrede dafür, dass du nicht gut genug bist, oder du verwendest deine positiven Erfahrungen als Beweis für deine Stärke.

Du kannst also selbst die Entscheidung treffen, ob du deine Vergangenheit lieber verwenden willst, um vor dir eine Mauer zu bauen oder eine Treppe.

Beides ist möglich und für beides hast du genügend Material. Was dich von neuen und besseren Erfahrungen abhält, sind lediglich:

- die Perspektive auf deine Vergangenheit und
- das Festhalten an deinem alten Ich.

Die Perspektive hast du jetzt bereits geändert. Es steht also nur noch dein altes Ich im Weg.

6.1.
DEIN ALTES ICH LOSLASSEN

„Every day is a new opportunity to change your life and be who you want to be."

- Demi Lovato

Im Laufe deines Lebens hast du ein mehr oder weniger klares Bild von dir selbst entwickelt. Du weißt genau, was du kannst oder was du nicht kannst. Oder besser gesagt, du glaubst, es zu wissen.

Dein altes Ich, das all deine Erfahrungen der Vergangenheit gemacht hat, hat dich an den Punkt gebracht, an dem du heute bist. Wenn du also aktuell nicht in allen Lebensbereichen zu einhundert Prozent zufrieden bist, dann darfst du dich verändern. Du darfst eine neue Version von dir erschaffen. Ein Upgrade, wenn wir es so nennen wollen. Das ist genau das, was entsteht, wenn du dich damit beschäftigst, wer du sein willst. Doch um diese neue Version von dir wirklich zu leben, musst du dich von deiner alten Version verabschieden.

Du musst bereit sein, alles loslassen, was du bisher über dich geglaubt hast, um neue und bessere Glaubenssätze verinnerlichen zu können.

Solange du beispielsweise der Meinung bist, dass du einfach nicht gut mit Stress umgehen kannst, wirst du weiter in negativen Stresserfahrungen festhängen. Gut mit Stress umgehen zu können, ist etwas, was deine neue Version jetzt lernen darf, doch dafür darfst du dich von deiner alten Version verabschieden. Deine neue Version hat neue Ziele. Das bedeutet, dass du auch zu der Person werden darfst, die diese Ziele erreichen kann. Die Tatsache, dass du bestimmte Ziele noch nicht erreicht hast, ist einfach nur ein Zeichen dafür, dass du noch nicht die Person bist, die dieses Ziel erreichen kann. Das ist ok, denn du kannst dich jederzeit verändern und weiterentwickeln.

Doch es braucht diesen Prozess der Metamorphose, in dem du deine Vergangenheit loslassen kannst. Wie so oft liefert dir auch hier die Natur eines der beeindruckendsten Beispiele für Veränderung. Wenn die Raupe nicht bereit wäre, ihre alte Identität als Raupe aufzugeben, dann würde sie nie zum Schmetterling werden. Erst durch die Metamorphose und den Wandel entsteht etwas komplett Neues und Wunderschönes.

Natürlich kannst du dich jetzt nicht wie die Raupe einfach zu Hause in deine Bettdecke einrollen und hoffen, dass du später als deine neue Version wieder aufwachst. Doch du hast dieselben Möglichkeiten zur Veränderung. Es ist immer derselbe Prozess, der dich langfristig ans Ziel bringt und dir hilft, dein altes Ich loszulassen.

Du darfst dafür einfach immer wieder diesen Schritten folgen:

1. Entscheidung gegen dein altes Ich

Loszulassen, ist im Grunde genommen viel einfacher, als wir es uns immer vorstellen. Stell dir vor, du hältst einen Stein in der Hand und willst den Stein loslassen. Was tust du? Du entscheidest dich dazu, den Stein loszulassen und deine Hand zu öffnen. Anschließend gleitet der Stein aus deinen Händen und fällt zu Boden. That's it. Ein ganz simpler Ablauf, der mit einer Entscheidung beginnt. Bei deinem alten Ich ist es erst einmal nichts anderes. Der Prozess des Loslassens beginnt damit, dass du dich dafür entscheidest, loszulassen.

Dich gegen dein altes Ich zu entscheiden, heißt auch, zu wissen, was du in Zukunft nicht mehr tun willst.

Es hat schließlich Gründe, weshalb du dich von dieser Version verabschieden willst. Je genauer du weißt, in welchen Gedanken und Handlungen sich deine alte Version zeigt, desto leichter kannst du genau diese Muster zukünftig stoppen und vermeiden. Nimm dir also hier gerne Zeit, um dir bewusst zu machen, welche Denk- und Verhaltensweisen du in Zukunft nicht mehr akzeptieren willst.

2. Nachteile deiner alten Version

Was passiert, wenn sich nichts ändert? Wie sieht dein Leben in fünf oder zehn Jahren aus, wenn du von heute an nichts verändern würdest? Dich einmal in dieses Szenario der Zukunft zu versetzen, kann dir dabei helfen, die Distanz zu deinem alten Ich weiter zu vergrößern. Wenn du siehst, welche negativen Auswirkungen sich durch dein unerwünschtes Denken und Verhalten zukünftig ergeben könnten, steigt automatisch dein Wunsch nach Veränderung. Du siehst den potenziellen Schmerz in deiner Zukunft und willst ihn unbedingt vermeiden. Schon Tony Robbins hat in seinem Buch „Das Robbins Power Prinzip" davon gesprochen, dass es nur zwei zentrale Antreiber für Veränderung im Leben gibt. Schmerz vermeiden oder Freude erlangen. Beides kannst du für dich nutzen.

3. Entscheidung für dein neues Ich

Wenn du dem Ablauf des Buches gefolgt bist, dann weißt du bereits, wer du zukünftig sein willst. Du hast dich mit deinem neuen Ich vertraut gemacht. Je detaillierter du deine neue Version beschrieben hast, desto besser. Auch hier braucht es erst mal wieder nur eine Entscheidung für das neue Ich. Dein altes Ich hat vielleicht morgens immer direkt als Erstes zum Handy gegriffen. Dein neues Ich entscheidet sich dazu, das Handy links liegen zu lassen und die ersten Minuten des Tages ungestört zu genießen. Alles beginnt mit einer Entscheidung.

4. Bewusstsein über die Vorteile

Die Entscheidung für dein neues Ich darfst du jeden Tag aufs Neue treffen. Um dabei deinem alten Ich keine Chance der Rückkehr zu geben, musst du wissen, welche Vorteile dein neues Ich mit sich bringt. Jede Kaufentscheidung beruht auf demselben Prozess. Du hast die Option zwischen zwei Produkten und du entscheidest dich für das, von dem du dir mehr Vorteile erhoffst. Solange durch dein neues Ich deutliche Verbesserungen für dein Leben entstehen, wird es dir leichtfallen, dich immer wieder dafür zu entscheiden. Du kannst hier selbst entscheiden, ob du dich vom Schmerz des alten Ichs abstoßen oder von der Freude des neuen Ichs anziehen lässt. Beides funktioniert.

5. Dein neues Ich mit Leben füllen

Jede deiner Handlungen ist eine Aussage darüber, wer du bist. Dein neues Ich definiert sich also vor allem durch das, was du tagtäglich tust, und den Gedanken, die diesen Handlungen vorausgehen. Da wir Menschen absolute Gewohnheitstiere sind und unser Gehirn kaum etwas lieber mag als klare, absehbare Routinen, darfst du Gewohnheiten aufbauen, die deinem neuen Ich entsprechen. Welche das sein können, schauen wir uns im weiteren Verlauf noch an.

6. Schnelle Veränderungen akzeptieren

Veränderungen brauchen Zeit, richtig? Aber wie viel Zeit eigentlich? Hinter dem Sprichwort „Veränderungen brauchen Zeit“ steckt der Irrglaube, dass schnelle, unmittelbare Veränderungen nicht möglich sind. Doch es ist eben nur ein Glaubenssatz und den kannst du bekanntlich verändern. Selbst die Raupe braucht unter idealen Bedingungen nur knapp drei Wochen für ihre Metamorphose zum Schmetterling. Wenn innerhalb von drei Wochen aus einer Raupe, die vorher nur kriechen konnte, plötzlich ein völlig neues Lebewesen entsteht, welches fliegen kann, dann kannst du dich auch innerhalb kürzester Zeit verändern.

Die gute Nachricht dabei ist: Du musst dich nicht komplett neu erfinden. Du darfst dich nur wieder mehr mit dem verbinden, was wirklich in dir steckt. Der Schmetterling steckt auch von Tag eins an in der Raupe. Sie ist sich dessen vielleicht nicht direkt bewusst, doch die Raupe war nie dazu bestimmt, eine Raupe zu bleiben. Im Kern war sie schon immer ein Schmetterling. Ähnliches gilt auch für dich. Vieles von dem, was du dir von deinem neuen Ich erhoffst, ist schon längst in dir. Du nimmst es nur bisher nicht bewusst wahr oder ignorierst es.

6.2.

DEINEN INNEREN COACH AKTIVIEREN

„Our deepest fear is not that we are inadequate. Our deepest fear is that we are powerful beyond measure. It is our light, not our darkness, that most frightens us.“

- Marianne Williamson

Ich glaube fest an die Intelligenz und das grenzenlose Potenzial in jedem von uns. Auch in dir. Genau genommen bist du selbst dein bester Coach.

Überlege mal selbst: Wie viele der Tipps, die du bisher aus diesem Buch mitgenommen hast, waren für dich komplett neu? Und wie oft hast du das Gefühl gehabt, das eigentlich schon zu wissen?

Ohne dich zu kennen, bin ich mir sicher, dass du bereits viel mehr weißt, als du selbst glaubst. Du unterschätzt dich, und zwar gewaltig. Ein paar Beispiele gefällig?

Du weißt auch ohne jedes Buch oder einen Coach, dass es für dich nicht gut ist, morgens als Erstes oder abends als Letztes auf dein Handy zu schauen. Du spürst schon immer, dass es deine Leistungsfähigkeit stark beeinträchtigt, wenn du nie eine Pause machst. Du merkst sofort, dass dein Kopf fast explodiert und du unkonzentriert bist, wenn du versuchst, tausend Dinge auf einmal zu machen. Du weißt instinktiv, dass eine gesunde, ausgewogene Mahlzeit besser für dich ist als das Fast Food um die Ecke. Diese Liste lässt sich nahezu endlos weiterführen.

Tief in uns wissen wir alle, was wirklich gut und schlecht für uns ist. Wir fühlen es und wir hören auch immer wieder die Stimme, die uns darauf hinweist. Der eine mehr, der andere weniger. Warum? Weil wir alle mit dieser Intelligenz und einem eingebauten Coach geboren werden. In jedem von uns steckt das Potenzial für außergewöhnliche Leistungen, für Langlebigkeit, für Gesundheit. Das Problem ist nur, dass wir uns immer mehr von diesem inneren Kern entfernt und abgetrennt haben. Du hast aufgehört, auf deinen inneren Coach zu hören.

Die Gründe dafür sind vielfältig. Mal sind wir so gefangen in der digitalen Welt, dass wir uns selbst darin verlieren. Mal suchen wir nach Abkürzungen und glauben, die Jahrtausende alte Intelligenz, die in unserem Körper steckt, überlisten zu können. Hin und wieder haben wir unserem inneren Coach die Autorität abgesprochen, weil er uns zu vermeintlich falschen Entscheidungen in der Vergangenheit geführt hat. Ganz oft laufen wir auch einfach nur vor unserem eigenen Potenzial davon. Wir haben Angst vor dem, wozu wir in der Lage wären, wenn wir aufhören würden, die Welt um uns herum für unsere Misere verantwortlich zu machen.

Es spielt keine Rolle, weshalb du die Verbindung zu deinem inneren Coach verloren hast. Viel wichtiger ist es, dass du deinen inneren Coach wieder aktivieren kannst.

Viele Tipps für mehr Leistungsfähigkeit, Produktivität oder andere Faktoren sind oft nur oberflächliche Strategien, die dir vielleicht eine Zeit lang helfen, langfristig jedoch nichts ändern. Diese Tipps sind nicht schlecht, oft sind sie extrem wertvoll, doch vorher musst du dich mit dem beschäftigen, was unter der Oberfläche liegt.

Es bringt nichts, wenn du dir beispielsweise dreimal pro Tag Zeit in deinem Kalender blockst, um kurz Pause zu machen, diese Erinnerung dann jedoch wieder ignorierst, und stattdessen die neusten E-Mails in deinem Postfach beantwortest.

Du kannst unzählige Atemtechniken erlernen, die dein Stresslevel in kürzester Zeit regulieren können. Wenn du jedoch im Moment des größten Stresses nicht darauf zurückgreifst und dich doch wieder so wie immer verhältst, wirst du weiterhin ein Opfer von zu viel Stress sein.

Zu wissen, was gut für dich ist, ist eine Sache. Es dann auch wirklich zu tun, ist eine völlig andere.

Was du also brauchst, um von deinem inneren Coach zu profitieren, sind drei Schritte:

- Du darfst erkennen, dass du bereits viele Antworten und Lösungen in dir trägst.
- Du musst die Stimme deines inneren Coaches wieder mehr wahrnehmen.
- Und zum Schluss musst du dafür sorgen, dass deine Handlungen dieser Stimme auch folgen.

Den ersten Schritt kannst du für dich recht schnell erledigen. Es braucht nur einen ehrlichen Blick in den Spiegel und du wirst direkt erkennen, dass es bestimmte Denk- und Verhaltensweisen gibt, die für dich nicht gut sind. Wahrscheinlich bist du dir dessen ohnehin schon bewusst, wenn du dieses Buch liest. Bei vielen deiner Herausforderungen und Entwicklungspotenziale bist du dir sicher auch schon der passenden Lösungen bewusst.

Nutze einfach eine wiederkehrend schwierige Situation in deinem Alltag und frage dich: „Was würde mir am meisten dabei helfen, besser mit diesen Situationen umzugehen?“

Gib dir kurz Zeit. Es wird definitiv die ein oder andere verwertbare Idee auftauchen.

Du weißt also bereits viel mehr, als du glaubst.

Wie aber geht es jetzt weiter? Der zweite Schritt erfordert von dir eine Kombination aus Selbstbewusstsein und Achtsamkeit. Du merkst schon, diese beiden Eigenschaften begleiten uns durch das ganze Buch und das zu Recht. Schließlich gibt es keine Selbstoptimierung ohne Selbstbewusstsein, und dein erlerntes oder schon vorhandenes Wissen findet nie zur richtigen Zeit Anwendung, wenn du nicht präsent und achtsam im Hier und Jetzt bist. Um wieder mehr von deinem inneren Coach Gebrauch zu machen, bedarf es also deiner vollen Aufmerksamkeit im jetzigen Moment und dem Bewusstsein darüber, was gerade in dir passiert bzw. welche Lösungsvorschläge du dir selbst gibst. Meinen Athleten empfehle ich dafür immer einen simplen Drei-Schritte-Plan:

1. Ein kurzer Achtsamkeitsimpuls, um im Hier und Jetzt anzukommen.
2. Check-in mit dir selbst, um ein Bewusstsein für deinen Status quo zu schaffen.
3. Dir selbst die richtigen Fragen stellen, um einen besseren Gesamtzustand zu erreichen.

Lass uns das einmal kurz durchspielen:

Leg mal kurz deine Hand auf deinen Bauch, knapp über deinem Bauchnabel, schließe kurz deine Augen und atme ganz langsam und tief in den Bauch. Achte dabei einfach auf die Auf- und Abbewegung deiner Bauchdecke, die du mit deiner Hand spürst. Nimm mindestens fünf entspannte Atemzüge und frage dich dann selbst:

**„Wie geht es mir jetzt gerade?
Wie fühle ich mich?"**

Auch wenn du vielleicht nicht direkt jede kleine Empfindung in deinem Körper zuordnen oder jede Emotion benennen kannst, so wirst du doch recht schnell merken, ob du dich grundsätzlich gut oder schlecht fühlst. Solltest du feststellen, dass dein aktueller Zustand nicht deinem Wunschzustand entspricht, dann gehe direkt weiter zu Schritt Nummer drei und frage dich selbst:

„Was ist die kleinste Sache, die ich jetzt tun kann, um mich besser zu fühlen?"

Wichtig sind bei der letzten Frage vor allem die Worte „jetzt" und „kleinste". Du willst dich nicht in eine Situation bringen, in der du handlungsunfähig bist, weil deine innere Stimme vielleicht sagt, dass du Urlaub bräuchtest, du aber mitten in deinem Arbeitstag steckst und der nächste Urlaub noch in weiter Ferne liegt. Was du jetzt stattdessen tun kannst, ist vielleicht ein Mikro-Urlaub, indem du kurz für drei Minuten Musik mit Naturgeräuschen hörst und dabei die Augen schließt. Oder du gehst für fünf Minuten an die frische Luft. Deine Lösungen an dieser Stelle müssen einfach und leicht umsetzbar sein, ansonsten wirst du deinen inneren Coach wieder einfach ignorieren und nichts tun.

Wenn du bis hierher gefolgt bist, dann bist du jetzt gedanklich wieder im Hier und Jetzt angekommen und bist dir bewusst, welche kleinen Schritte dir dabei helfen würden, dich wieder richtig gut zu fühlen.

Wie schaffst du es jetzt noch, den Tipps deines inneren Coaches auch wirklich zu folgen?

Erinnerst du dich noch ganz an den Anfang, als du dir darüber Gedanken machen solltest, wie dein Leben zukünftig aussehe, wenn du einfach so weitermachst wie bisher? Genau mit dieser Antivision starten wir, um dir die nötige Motivation zu geben. Zu wissen, was du auf jeden Fall vermeiden willst, kann ein kraftvoller Motivator sein. Parallel dazu darfst du auch erkennen, wie viel Potenzial in deinem verbesserten Verhalten steckt. Jedes Mal, wenn du deinem inneren Coach nicht folgst, verlierst du Vertrauen in ihn, oder besser gesagt, in dich selbst. Du sendest ein Signal an dich, das dir zeigt, dass du keinerlei Kontrolle hast und nur ein Opfer der Umstände bist. Andererseits sammelst du jedes Mal Selbstvertrauenspunkte, wenn du auf deinen inneren Coach hörst und deine Situation ein klein wenig verbesserst. Im Gegensatz zum vorherigen Verhalten gibst du dir so ein Zeichen, dass du die Kontrolle über dich selbst hast, und die nötige Intelligenz hast, um hilfreiche Lösungen zu finden.

Es fühlt sich gut an, den Tipps anderer zu folgen und dadurch positive Ergebnisse zu erzielen. Doch ich kann dir versprechen, es fühlt sich noch viel besser an, wenn du selbst mit deinen eigenen Tipps und der Intelligenz deines inneren Coaches dafür gesorgt hast, dass sich deine Situation verbessert. So entwickelst du ein Gefühl der Selbstwirksamkeit, das durch nichts zu ersetzen ist. Genau diese Selbstwirksamkeit erlaubt es dir, immer wieder mit einfachen Mitteln im Fluss des Lebens zu bleiben. Ich würde behaupten, dass du in 99,9 % der Fälle selbst genau weißt, was für dich jetzt das Beste ist. Folgst du der Stimme deines inneren Coaches, folgst du auch dem Fluss des Lebens.

Vielleicht ist dir aufgefallen, dass du eben beim Check-in nur darauf achten solltest, wie du dich fühlst. Das hat Gründe. Dein Kopf steckt zu Beginn deiner Veränderung oft immer noch in alten Denkmustern fest. Wenn du also nur blind der Stimme in deinem Kopf folgst, dann wird sie dich wahrscheinlich fehlleiten. Du hörst Sätze wie:

„Dafür habe ich jetzt keine Zeit."
„Ich muss unbedingt erst noch diese Aufgabe fertig machen."
„Ich kann mich später ausruhen."

Dein Kopf wird alle möglichen Ausreden finden, weshalb du dich jetzt nicht kurz um dich kümmern kannst und dafür sorgen kannst, dass es dir gut geht. Deshalb sind dein Gefühl und die Empfindungen deines Körpers für den Check-in viel wertvoller, denn die Stimme deines inneren Coaches entspringt nicht deinem Verstand. Vielmehr ist es die Stimme deines Körpers bzw. deiner Intuition.

Diese Stimme ist losgelöst von den Limitierungen deines Kopfes. Dein Körper sendet dir einfach nur unmissverständliche Zeichen, wenn etwas gerade nicht rund läuft und deine Aufmerksamkeit gefordert ist. Du hast die Möglichkeit, diese Zeichen wahrzunehmen, dir die Lösungsvorschläge deines inneren Coaches anzuhören und Folge zu leisten.

6.3.

DIE FRÜHWARNZEICHEN DEINES KÖRPERS

„With subtly developed body awareness, it is possible for the individual to become the conscious orchestrator of health."

- Jean Houston

Unser Körper hat ein **eingebautes Feedbacksystem**, welches dir in vielen Situationen deines Alltags als Orientierung dienen kann. Das gilt sowohl für schwierige Momente als auch für positive. Bezogen auf Einflüsse wie Stress oder Leistungsdruck kannst du dir das Feedbacksystem deines Körpers vorstellen wie die Warnleuchten in einem Auto. Für jede bedrohliche Fehlfunktion gibt es im Auto verschiedene Warnleuchten, die dich auf das Problem hinweisen. Egal ob dein Motor zu heiß wird oder dein Benzin fast leer ist, du siehst direkt vor dir in der Anzeige ein Licht aufleuchten. Was tust du in solchen Situationen? Nehmen wir mal das Beispiel mit dem Benzin. Was machst du, wenn deine Tankleuchte aufblinkt? Automatisch hast du den Impuls, demnächst eine Tankstelle aufzusuchen. Du würdest nie auf die Idee kommen, einfach weiterzufahren und zu hoffen, dass doch nichts passiert. Du weißt genau, niemand füllt deinen Tank für dich auf, also musst du einen Zwischenstopp an der Tankstelle machen. Je länger du diese Warnung ignorierst, desto mehr steigt in dir die Angst auf, vielleicht doch stehen zu bleiben. Ich erinnere mich da gerade selbst an eine Situation während meiner Ausbildung, als ich die Reichweite meines verbliebenen Benzins doch etwas überschätzt hatte und dann die letzten Kilometer bis zur Tankstelle gebetet habe, dass es noch reicht. Bis auf wenige Ausnahmen folgst du dem Warnhinweis deines Autos jedoch meist sofort.

Bei den Warnhinweisen unseres Körpers sieht es oft ganz anders aus. Hier ignorieren viele Menschen selbst die offensichtlichsten Zeichen und wundern sich dann, wenn sie im wahrsten Sinne des Wortes liegen bleiben, weil nichts mehr geht.

Dein Körper weiß genau, wie viel Stress und Leistungsdruck für dich gut sind und wann dein Limit erreicht ist. Sobald du ein kritisches Level erreicht hast, ab dem du viele negative Auswirkungen von Stress spüren würdest, sendet dir dein Körper deutliche Zeichen. Ein Anflug von Kopfschmerzen. Ein ungutes Bauchgefühl oder Magenschmerzen. Eine starke Anspannung im ganzen Körper. Unkonzentriertheit. Die Warnzeichen können vielfältig sein und individuell sehr verschieden, doch sie sind da. Du musst sie nur wahrnehmen und handeln. Genau da liegt die Herausforderung.

Anders als bei der Warnleuchte im Auto sind die Warnzeichen deines Körpers nicht direkt sichtbar vor dir und permanent präsent. Die Warnung geschieht subtiler. Nicht ganz so offensichtlich wie im Auto. Trotzdem ist sie wahrnehmbar. Vorausgesetzt, du bist aufmerksam. Um dir zu zeigen, wie wichtig deine Aufmerksamkeit und Präsenz für deine Warnsignale ist, bleiben wir noch mal kurz bei der Analogie des Autos.

Was passiert, wenn deine Tankleuchte im Auto defekt ist? Das Warnsignal kommt nicht bei dir an und du bleibst wahrscheinlich mit einem leeren Tank am Straßenrand liegen.

Selbes gilt auch für deinen Körper. Wenn du die Warnzeichen deines Körpers nicht wahrnimmst oder ignorierst, dann sind sie völlig wertlos. Für dich wird sich dann nichts ändern und die wertvolle Intelligenz deines Körpers bleibt weiterhin ungenutzt. Nur kombiniert mit deiner Aufmerksamkeit und Präsenz kannst du von den Warnzeichen profitieren und sie nutzen, um dich besser zu fühlen und schwierige Situationen problemlos zu meistern.

Womit wir wieder beim Thema der Achtsamkeit wären. Ich hoffe, spätestens an dieser Stelle des Buches erkennst du, dass das Training deiner Achtsamkeit das wichtigste Fundament für deine Veränderung ist.

Im Sport sprechen wir oft vom Trainingsweltmeister, wenn es einem Athleten nicht gelingt, die guten Leistungen aus dem Training auch im Wettkampf abzurufen. Dabei ist der Unterschied zwischen Training und Wettkampf gar nicht so groß. Bezogen auf Technik, Taktik und Athletik wird den Athleten im Wettkampf meist nichts anderes abverlangt als im Training. Was sich verändert, sind die Umgebungsbedingungen und Faktoren wie Erwartungen, Stress und Leistungsdruck.

Gelingt es dem Athleten in dieser Umgebung trotzdem, präsent zu sein und immer wieder die Warnzeichen des eigenen Körpers wahrzunehmen, dann wird er auch in der Lage sein, sich selbst zu regulieren und die negativen Effekte von zu viel Stress und Leistungsdruck zu vermeiden. Wenn jedoch die nötige Achtsamkeit dafür fehlt, dann werden Nervosität und Anspannung dafür sorgen, dass der Athlet weit unter seinen Möglichkeiten bleibt. Im Alltag ist das nichts anderes. Wenn du achtsam bist und die Warnsignale deines Körpers erkennst, dann kannst du dich auch durch die größten Herausforderungen navigieren. Gelingt dir das nicht, dann wird dein Tag immer wieder von Stress und Überforderung dominiert.

Die Zeichen deines Körpers wahrzunehmen, ist dabei nichts weiter als reines Training. Du darfst immer wieder kurz den Blick nach innen richten, darauf achten, wie es dir gerade geht, was dein Körper dir sagen will, und dementsprechend handeln. So entwickelst du Stück für Stück mehr Selbstbewusstsein und Selbstwirksamkeit.

Um möglichst schnell und einfach von deiner eigenen Intelligenz zu profitieren, darfst du viele kleine Gewohnheiten für dich nutzen, anstatt zeitaufwendige und umfangreiche Routinen aufzubauen. Genau das ist ein entscheidender Punkt. Erfahrungsgemäß scheitern die meisten Menschen an der Umsetzung, weil ihnen ihrer Meinung nach die Zeit dafür fehlt. Doch welche Ausrede hast du noch, wenn deine Veränderung nur 60 Sekunden oder zwei Minuten in Anspruch nimmt? Richtig, keine.

6.4.
ZUSAMMENFASSUNG

Wichtigste Punkte:

- Wir sind oft unglaublich gut darin, zu erkennen, was uns noch fehlt, und sehr schlecht darin, zu sehen, was wir schon haben.

- Dein altes Ich hat dich an den Punkt gebracht, an dem du heute bist. Wenn du aktuell nicht zu einhundert Prozent zufrieden bist, dann darfst du dich verändern. Du darfst eine neue Version von dir erschaffen.

- Wir alle wurden mit der Intelligenz des inneren Coaches geboren. In jedem von uns steckt das Potenzial für außergewöhnliche Leistungen, für Langlebigkeit, für Gesundheit.

- Unser Körper hat ein eingebautes Feedbacksystem, welches dir im Alltag als Orientierung für deine Handlungen dienen kann und dich so von unerwünschten Zuständen fernhält.

7.0.
DIE POWER DER KLEINEN GEWOHNHEITEN

„One small step + desired behavior = high probability of further steps"

- Stephen Guise

Ich weiß nicht, wie es dir geht, doch ich habe mich früher oft von dem Umfang empfohlener Erfolgsroutinen aus vielen Büchern überfordert gefühlt. Grundsätzlich habe ich den Sinn dahinter vollkommen verstanden, doch mir fehlte meiner Meinung nach schlicht und ergreifend die Zeit dafür. Morgens aufstehen, 30 Minuten Bewegung, 30 Minuten Meditation, 30 Minuten lesen, den bevorstehenden Tag planen und schon waren zwei Stunden vergangen. Abends dann gerne noch einmal dasselbe Spiel. Ich weiß, wie wertvoll solche Routinen sind, doch ich weiß auch, dass sie gerade zu Beginn oft einfach nur überfordernd sein können. Meiner Meinung nach funktioniert diese Herangehensweise für 95 % der Bevölkerung nicht und führt nur dazu, dass viele Menschen ihren gewünschten Veränderungsprozess dann doch wieder frustriert beenden. Neujahrsvorsätze sind das beste Beispiel dafür. Du nimmst dir unglaublich viel vor und willst von einem Tag zum Nächsten am liebsten dein komplettes Leben verändern. Vielleicht schaffst du es, für ein paar Tage oder auch wenige Wochen dranzubleiben, doch dann gibst du wieder auf. Dieser Prozess wiederholt sich Jahr für Jahr bei tausenden von Menschen. Das liegt allerdings nicht daran, dass Veränderung nicht möglich ist, sondern vielmehr daran, dass sich die meisten Menschen zu Beginn des Veränderungsprozesses einfach überfordern. Wir überschätzen, was wir in einem Jahr verändern können, und wir unterschätzen, was sich in drei oder mehr Jahren verändern kann.

Die in vielen Büchern angepriesenen, umfangreichen Routinen sind also nicht nur oft ein Zeitproblem, sondern sie lösen auch nur teilweise deine Herausforderungen im Berufsalltag.

Morgens zwei Stunden in deine Morgenroutine zu investieren, bringt dich natürlich erst einmal in einen guten Ausgangszustand. Wenn du dann jedoch im Laufe des Tages nichts weiter unternimmst, um diesen Zustand auch beizubehalten, wirst du dennoch immer wieder gestresst, ausgelaugt und unkonzentriert sein.

Es muss also eine andere Lösung her. Eine, die sich leicht umsetzen lässt, wenig Zeit benötigt und auch problemlos in deinem Alltag Anwendung finden kann.

Was uns zu winzig kleinen Gewohnheiten bringt oder wie ich sie immer gerne nenne: **Microhabits**.

7.1.
MICROHABITS

„Changes that seem small and unimportant at first will compound and turn into remarkable results if you're willing to stick with them for years.„

- James Clear

Microhabits sind nichts anderes als Gewohnheiten, deren Zeitaufwand fünf Minuten nie übersteigt. Meist sprechen wir sogar über ein bis zwei Minuten. Wenn wir es so betrachten, dann sind die Microhabits also die kleinstmögliche Version einer Gewohnheit. Genau in dieser Einfachheit stecken ihr Wert und ihre enorme Kraft zu positiver Veränderung. Je einfacher eine Gewohnheit ist, desto höher ist die Wahrscheinlichkeit, dass du sie auch wiederholst. Letztendlich tendieren wir alle langfristig immer wieder dazu, den Weg des geringsten Widerstandes zu wählen. Wenn deine Gewohnheiten also nahezu reibungslos funktionieren und dich keinerlei Überwindung kosten, hast du die größten Erfolgschancen.

Wie bei jeder anderen Gewohnheit darfst du auch bei deinen Microhabits einige wichtige Punkte beachten, um dir die Umsetzung so leicht wie möglich zu machen. Genau genommen sind vor allem die folgenden drei Punkte entscheidend für den Erfolg jeder Gewohnheit, auch für deine neuen Microhabits.
Deine Gewohnheiten sollten:

- offensichtlich sein
- attraktiv sein
- befriedigend sein

Jede Routine startet mit einem Auslöser. Je offensichtlicher dieser Auslöser ist, desto einfacher wird die Umsetzung. Wenn du also nur die gedankliche Intention hast, im Tagesverlauf regelmäßig kleine Achtsamkeits- oder Atempausen einzulegen, wird sich der Auslöser in deinen Gedanken verlieren.

Wenn du dir stattdessen einen Post-it an deinen Arbeitsplatz heftest, welches dich daran erinnert, oder regelmäßige Reminder auf deinem Smartphone nutzt, dann wird der Auslöser offensichtlich und du stellst sicher, dass du immer wieder damit konfrontiert wirst. Du kannst also auch bestimmte Handlungen, die sich immer wiederholen, als Auslöser für deine Microhabits nutzen. Beispielsweise den Gang zur Toilette, oder um dir etwas zu trinken zu holen. Anfangs kann es jedoch passieren, dass du bei diesen Handlungen einfach nicht an die Verknüpfung zu deinen Microhabits denkst, weil du schlicht und ergreifend noch nicht die neuronalen Verknüpfungen dafür aufgebaut hast. Daher sind an der Stelle Lösungen wie Post-its oder Erinnerungen in deinem Kalender deutlich effektiver.

Einige Athleten, mit denen ich arbeite, haben im Laufe der Zeit damit begonnen, sich bestimmte Erinnerungen in Form eines Wortes oder einer Zahl auf die Hand zu schreiben, damit sie in der unmittelbaren Vorbereitung auf ihren Wettkampf immer wieder an ihre wichtigsten Microhabits denken. Je offensichtlicher, desto besser.

Natürlich fühlst du dich nur zu einer Routine hingezogen, wenn sie für dich eine gewisse Attraktivität hat. Der offensichtlichste Reminder bringt dir nichts, wenn die nachfolgende Routine für dich keinerlei Wert besitzt. Genau deshalb ist es unglaublich wichtig, dich damit auseinanderzusetzen, wer du im besten Fall sein willst, und welche positiven Auswirkungen dein neues Denken und Verhalten auf dein Leben haben.

Wenn du erkennst, wie stark sich deine täglichen Ergebnisse und dein allgemeines Wohlbefinden mithilfe deiner neuen Microhabits verbessern können, fühlst du dich automatisch mehr dazu hingezogen. In dem Fall führt dich die offensichtliche Erinnerung zur Ausführung deiner attraktiven Routine, die im besten Fall für dich auch befriedigend ist.

Für diese Befriedigung gibt es viele Möglichkeiten. Der erste und einfachste Weg ist die Wahrnehmung deiner unmittelbaren Veränderung. Wenn du gerade spürst, dass dein Stresslevel einen kritischen Zustand erreicht und dich deine zweiminütige Routine wieder in einen gelassenen Zustand bringt, sorgt allein diese Selbstwirksamkeit schon für Befriedung. Dieses Gefühl kannst du gerne noch verstärken, indem du deine Gewohnheiten ganz einfach überwachst. Selbst die einfache Handlung, nach dem Ausüben deiner Gewohnheit einen Haken in deinem Notizbuch zu machen, sorgt für noch mehr Befriedigung. Auch hier gilt also wieder: Keep it simple.
Oft sind es die einfachsten Dinge, die in unserem Leben den größten Unterschied machen. Das gilt auch für deine Gewohnheiten.

Dahinter steckt eine ganz simple Logik.

Microhabits schrauben den Aufwand für deine Gewohnheit maximal nach unten und dein Selbstvertrauen, die Gewohnheit durchführen zu können, maximal nach oben.

Stell dir vor, ich würde dir an dieser Stelle empfehlen, jeden Morgen 30 Minuten zu meditieren, weil es deine Achtsamkeit trainiert und dich ruhiger und gelassener werden lässt. Sicher würdest du den Sinn dahinter verstehen, vor allem, wenn du dich noch ein wenig mehr mit den positiven Effekten von Meditation beschäftigst, aber du würdest wahrscheinlich auch den ein oder anderen Gedanken des Zweifels haben.

„30 Minuten erscheinen mir ganz schön lang. Ich weiß nicht, ob ich das schaffe."

„Die Zeit dafür könnte ich mir schon nehmen, aber ich bin mir nicht sicher, ob ich das jeden Tag durchhalten kann."

Kommt dir das bekannt vor?
Das Problem bei dieser Gewohnheit wäre der hohe Aufwand im Vergleich zu deinem noch geringen Selbstvertrauen in Bezug auf deine Meditationsfähigkeiten oder -erfahrungen.

Die Wahrscheinlichkeit, dass diese Gewohnheit scheitert, ist also recht hoch.

Was ist aber, wenn ich dir empfehle, morgens für eine oder zwei Minuten zu meditieren?

Der Aufwand dafür ist minimal. Und zwei Minuten Meditation schafft jeder. Somit steigen dein Selbstvertrauen und auch die Wahrscheinlichkeit einer erfolgreichen Umsetzung der Gewohnheit.

Ein befreundeter Personaltrainer hat mir einmal erzählt, dass er seine Kunden, die bisher noch gar keinen Sport machen, anfangs immer nur für fünf Minuten ins Fitnessstudio schickt.

Jetzt fragst du dich vielleicht, was fünf Minuten für einen Unterschied machen sollen?

Für diese Menschen machen sie tatsächlich einen großen Unterschied. Natürlich nicht in Bezug auf den direkten Trainingseffekt, denn in fünf Minuten kannst du nicht viel tun, doch diese Menschen entwickeln plötzlich die Identität einer Person, die regelmäßig zum Training geht.

Auch wenn sie noch gar nicht trainiert haben. Sie sind anwesend. Der wichtigste Schritt ist gemacht. Im Anschluss lässt sich die Gewohnheit immer weiter ausbauen und das Training verlängern, doch solange es diese Menschen nicht schaffen, überhaupt zum Training zu gehen, müssen sie sich keine Gedanken über die Trainingsinhalte machen.

Bei deinen täglichen Microhabits für mehr Fokus, Energie und Gelassenheit verhält es sich ähnlich. Solange du nicht die Gewohnheit entwickelt hast, dir regelmäßig Zeit zu nehmen, um dein Stresslevel und deinen mentalen bzw. emotionalen Zustand zu überprüfen und anzupassen, musst du dir um alles Weitere keine Gedanken machen.

Deine Microhabits geben dir die Möglichkeit, mit minimalem Aufwand, direkt eine große Veränderung zu bewirken und im Fluss des Lebens zu bleiben, indem du immer wieder innere Widerstände abbaust. Wie bei den Menschen, die eine neue Identität als „Fitnessstudiogänger" entwickeln, baust du eine neue Identität auf als eine Person, die sich aktiv um ihre eigene Leistungsfähigkeit und das eigene Wohlbefinden kümmert.

7.2.
WENIGER IST MEHR, WENN DIE QUALITÄT STIMMT

„It is strange a difference comes from a subtraction."

- Natasha Tsakos

Gerade im Bereich der Selbstoptimierung verfallen viele Menschen oft in den Modus von „mehr ist immer besser". Dabei ist das selten der Fall. Immer nur noch mehr von einer Sache zu machen, lässt dich relativ schnell in ein Extrem fallen, was früher oder später dazu führt, dass du dein Momentum verlierst.

Athleten, die glauben, nur besser zu werden, indem sie noch mehr trainieren, landen irgendwann zwangsläufig im Übertraining und sind ausgelaugt. Sie werden dann zu einer Pause gezwungen. 24/7 zu „hustlen" fühlt sich sicher eine Zeit lang gut an und verschafft dir einen Vorsprung, doch irgendwann erreichst du das Limit deines Körpers und wirst dazu gezwungen, deine Akkus wieder aufzuladen.

Du darfst dir dessen bewusst sein, dass ein Pendel immer von einem Extrem zum anderen schwingen wird, ob du willst oder nicht. Das ist reine Physik.

Im Übrigen gilt das nicht nur für das stresserzeugende Extrem wie beim Training oder der Arbeit, sondern auch für das Extrem der Entspannung und Erholung. Manche Menschen verlieren sich so sehr im Stressabbau, dass sie kaum noch etwas anderes machen und ich mich manchmal frage: „Von welchem Stress müssen die sich eigentlich erholen?"
Du verstehst, was ich meine.

Die Lösung ist also ein bewusster und gleichmäßiger Wechsel zwischen Anspannung (Stress) und Entspannung. Tatsächlich ist der Bereich des körperlichen Trainings hier ein guter Vergleich. Kein Trainer würde dir empfehlen, ein zweistündiges Workout ohne jegliche Pause zu bestreiten, außer du machst ein Ausdauer-Workout über genau diesen Zeitraum, doch auch danach würdest du eine längere Pause machen. Jedes effektive Workout ist ein gezielter Wechsel aus Trainingsphasen und kurzen Pausen.

Im Verlauf deines Arbeitstages kannst du dieses Konzept aufgreifen. Bewusste Stressphasen, in denen du maximal fokussiert bist und deine beste Leistung abrufen kannst, gepaart mit deinen Microhabits zur Erholung und Stabilisierung.

Fabian Foelsch, der Gründer von BRAINEFFECT, hat früher immer zu mir gesagt: „High Performance ist die perfekte Kombination aus Stress und Entspannung." Schaust du dir die langfristig erfolgreichsten Menschen in Sport und Business an, dann wirst du feststellen, dass sie genau diese perfekte Kombination für sich gefunden haben.

Wichtig ist dabei, dass der Ausgleich deiner Stressphasen im Laufe eines Arbeitstages keine Frage desselben Zeitaufwandes ist. 90 Minuten fokussierte Arbeit musst du nicht mit 90 Minuten Entspannung ausgleichen. Es geht vielmehr um die Qualität deiner Pausen.

Wenn du deine angebliche Pause bei Social Media verbringst und damit weiter aktiv bist, werden auch 30 Minuten Pause keinen wirklichen Erholungseffekt haben. Nimmst du dir stattdessen jedoch nur zwei Minuten Zeit, um deine Augen zu schließen, deine Aufmerksamkeit nach innen zu bringen und ganz bewusst zu atmen, wird dich das deutlich mehr entspannen und als Reset für dein System genügen.

Die besten Microhabits sind also:

- nicht länger als 2 bis maximal 5 Minuten
- möglichst einfach und universell anwendbar
- verbunden mit dem Fokus auf eine Sache

7.3.

DAS RICHTIGE WERKZEUG ZUR RICHTIGEN ZEIT

„If you want to change your world, you need to start cultivating good habits."

- Mina Tadros

Bisher haben wir vor allem über Microhabits als Option zur Entspannung gesprochen. Der Grund dafür ist relativ einfach:

Erfahrungsgemäß haben die meisten Menschen ohnehin automatisch immer wieder Stressimpulse im Alltag und benötigen vor allem mehr Entspannung. Der größte Hebel für deine Leistungsfähigkeit und dein Wohlbefinden liegt also oft nicht darin, dass du versuchst, fokussierter und produktiver zu sein, sondern dass du gezielte Regenerationsphasen in deinen stressigen Alltag einbringst. Im Sport sieht das nicht anders aus. 99 % der Athleten, mit denen ich arbeite, empfinden zu viel Leistungsdruck, Stress oder Nervosität. Der Weg zum gewünschten Wettkampfzustand führt in dem Fall nicht über zusätzliche Aktivierungen, sondern bewusste und gezielte Regulierungen. Du darfst Anspannung aus deinem System entfernen, um wieder maximal leistungsfähig zu sein und dich gut zu fühlen. Aus dieser Leichtigkeit heraus entstehen die besten Leistungen.

Darüber hinaus hilft dir die Power der kleinen Gewohnheiten jedoch auch für andere Bereiche. Sei es beispielsweise, um deinen Fokus zu verbessern, mehr Klarheit zu bekommen oder dein Selbstvertrauen zu steigern.

Ich habe bereits erwähnt, dass ich gemeinsam mit allen Athleten für ihren Wettkampf eine maximal fünfminütige, mentale Routine erarbeite, die sie unmittelbar in ihr Warm-up einbauen können. Dabei ist das richtige Maß an Gelassenheit bzw. Lockerheit nur ein übergeordnetes Ziel als wichtige Grundlage für Flow. Zusätzlich verfolgt die Routine noch mehr Ziele:

- das Nervensystem regulieren
- für Präsenz im Hier und Jetzt sorgen
- Ablenkungen ausblenden
- das Selbstvertrauen stärken
- Optimismus und positives Denken fördern

Was wir an der Stelle wieder aufgreifen, ist deine Vorstellung davon, wer du sein willst und wie du dich verhalten und fühlen möchtest.

Mit den passenden Microhabits zur richtigen Zeit schaffst du es immer wieder, diesen Zustand zu erreichen und sicherzustellen, dass du diese Intention über den ganzen Tag hinweg aufrechterhalten kannst.

Deine beste Version bzw. dein bestmöglicher Zustand ist dabei immer der Nordstern, an dem du dich orientieren kannst. Weicht dein aktueller Zustand von dieser idealen Version ab, darfst du etwas verändern. Am besten mit einfach umsetzbaren, effektiven Lösungen.

Microhabits.

Welche Gewohnheiten das genau sein können, schauen wir uns in den nächsten Abschnitten an. Davor ist es wichtig, zu verstehen, dass diese Microhabits für dich flexibel einsetzbar sind. Du kannst dir das wie eine Werkzeugkiste vorstellen, in der sich alles befindet, was du brauchst, doch nicht alles findet immer zur selben Zeit Anwendung.

Wenn du eine Schraube festziehen willst, brauchst du lediglich den richtigen Schraubenzieher. Auf alle anderen Werkzeuge kannst du in dem Moment verzichten. So ist es auch mit deinen Microhabits. Es ist wichtig, für alle potenziellen Herausforderungen eine passende Lösung parat zu haben, doch letztendlich geht es darum, dass du das richtige Werkzeug zur richtigen Zeit nutzt.

7.4.
DIE EINE LÖSUNG FÜR ALLE?

„We all need to figure out what‘s right for us because nothing about life is one size fits all. Even for an Olympian, that‘s for sure. And such discovery starts with you paying attention - to yourself."

- David Agus

Je nachdem, welches Ziel du mit den Microhabits verfolgst, können die konkreten Inhalte variieren. Das heißt auch: Es gibt keine einheitliche Lösung für alle und das ist auch gut so.

Ich bin es langsam leid, immer wieder Bücher oder andere Empfehlungen von Coaches oder Trainern zu lesen, die dir versprechen, die ultimative Wunderwaffe für alle Probleme gefunden zu haben. Diese eine Technik, die alles für dich verändert.

Denn genau diese eine Technik oder Lösung gibt es nicht. „One fits all" mag ein gutes Modell zur Massenabfertigung sein, doch wirkliche Durchbrüche und außergewöhnliche Leistungen entstehen dabei nur selten.

Warum?

Weil jeder Mensch einzigartig ist.

Was für eine Person funktioniert, funktioniert nicht automatisch für jeden. Das gilt auch für alles, was ich hier in dem Buch mit dir teile. Ich will damit keine Zweifel in dir hegen, sondern lediglich dafür sorgen, dass du letztendlich die besten Lösungen für dich findest und nicht einfach blind einem Konzept folgst, das gar nicht für dich gemacht ist.

Ich bin kein Guru und ich beanspruche hier keineswegs, die ultimative Wahrheit gefunden zu haben. Was ich mit dir teile, ist das Ergebnis meiner eigenen Erfahrungen der letzten 34 Jahre und den Lösungsstrategien, die meinen Kunden in Sport und Business immer wieder dabei geholfen haben, über sich hinauszuwachsen und außergewöhnliche Ziele zu erreichen.

Individuell kann es für dich jederzeit Variationen geben. Die Microhabits sind ein gutes Beispiel dafür. Wenn du dich mit einer bestimmten Atemtechnik zum Stressabbau nicht wohlfühlst, dann gibt es für dich unzählige andere effektive Wege zum Stressabbau. Die gilt es nur zu finden. Der Mechanismus der Microhabits im Hintergrund bleibt derselbe. Die tatsächliche Lösung darf jedoch individuell zu dir passen.

Behalte das gerne für dich im Hinterkopf, teste alles, was du hier liest, und filtere das heraus, was für dich am besten funktioniert.

7.5.
ZUSAMMENFASSUNG

Wichtigste Punkte:

- Die meisten Veränderungen scheitern, weil wir uns anfangs mit zeitaufwendigen Gewohnheiten überfordern.

- Microhabits schrauben den Aufwand für deine Gewohnheit maximal nach unten und dein Selbstvertrauen, die Gewohnheit durchführen zu können, maximal nach oben.

- Langfristige und nachhaltige Verbesserungen sind immer ein Ergebnis qualitativ hochwertiger Gewohnheiten.

- Es ist wichtig, für alle potenziellen Herausforderungen eine passende Lösung parat zu haben, doch letztendlich geht es darum, dass du das richtige Werkzeug zur richtigen Zeit nutzt.

- Jeder Mensch ist einzigartig. Erlaube dir, die für dich beste Lösung zu finden.

8.0.

MEHR LEICHTIGKEIT UND BESSERE LEISTUNGEN

„Producing a great result is good. Producing a great result with ease is better. Producing a great result with ease again and again is best."

- Greg McKeown

Wir haben eingangs darüber gesprochen, dass wir Flow auf zwei verschiedenen Ebenen betrachten werden. Den Fluss des Lebens als Grundlage für deinen Alltag und den schon klar definierten Flow für deine Peak Performance-Momente.

Zur Erinnerung hier noch mal die Gemeinsamkeiten und Unterschiede beider Zustände, sodass du sie differenzieren und gemeinsam nutzen kannst. Während es beim Flow in Peak Performance- Momenten vor allem darum geht, außergewöhnliche Leistungen zu vollbringen, fordert dich der Fluss des Lebens dazu auf, keine unnötigen Widerstände aufzubauen und in einer gelassenen Leichtigkeit zu bleiben. Im Fluss des Lebens zu bleiben, ist nicht direkt gleichbedeutend mit außergewöhnlichen Leistungen. Hier geht es erst einmal darum, dass du dich gut fühlst und das Fundament für außergewöhnliche Leistungen schaffst. Die Peak Performance im Flow bezieht sich auf wenige, kurze Momente deines Alltags. Im Fluss des Lebens zu bleiben, ist eine 24/7-Aufgabe. Kurzum: Flow baut darauf auf, dass du im Fluss des Lebens bist. Oder anders gesagt: Im Fluss des Lebens zu sein, baut unnötige Widerstände ab und sorgt für die nötige Leichtigkeit, aus der deine Flow-Momente entstehen.

Trotz der Unterschiede zwischen diesen beiden „Flow"-Zuständen gibt es jedoch einige Parallelen. Das wird vor allem dann sichtbar, wenn wir uns anschauen, was es wirklich braucht, um nicht nur deine Peak Performance-Momente zu erleben, sondern auch generell im Fluss des Lebens zu bleiben.

Die wichtigsten Grundlagen für beide Bereiche sind:

- ein reguliertes Nervensystem
- Achtsamkeit im Hier und Jetzt
- absolute Klarheit
- die maximal mögliche Kontrolle
- das nötige Selbstvertrauen
- ein gewisses Maß an Positivität / Optimismus

Wenn es dir gelingt, diese Grundzustände immer wieder herzustellen und im Anschluss aufrechtzuerhalten, dann hast du gewonnen.

Verlierst du jedoch eine dieser Grundvoraussetzungen zu lange aus den Augen, dann fällt dein ganzes System wie ein Kartenhaus zusammen.

Das Ergebnis? Du bist trotz aller Bemühungen immer wieder zu gestresst, überfordert, ausgelaugt, und erzielst, wenn überhaupt, nur mittelmäßige Ergebnisse.

Die gute Nachricht für dich ist jedoch: Das passende Mindset kombiniert mit den für dich wertvollsten und hilfreichsten Microhabits wird dafür sorgen, dass du nicht nur punktuell, sondern auch langfristig und nachhaltig außergewöhnliche Leistungen vollbringen kannst, ohne das Gefühl zu haben, auszubrennen oder dich selbst in dem Streben nach deinen Zielen zu verlieren.

8.1.
DIE GRÖSSTEN HINDERNISSE FÜR DEINEN FLOW

„Obstacles don't have to stop you. If you run into a wall, don't turn around and give up. Figure out how to climb it, go through it, or work around it."

\- Michael Jordan

Wir haben in den vorherigen Kapiteln bereits viele Hindernisse betrachtet, die immer wieder dafür sorgen, dass du nicht im Fluss des Lebens bist. An der Stelle wird es Zeit, deinen Fokus etwas konkreter auf deine Peak Performance-Momente und den Flow, wie du ihn bisher kennst, zu richten. Bis hierhin ging es darum, das Fundament für deine besten Leistungen zu schaffen. Nur aus dem Fluss des Lebens heraus kannst du in den Flow kommen. Sobald dieses Fundament geschaffen ist, kannst du dich mit der sprichwörtlichen Spitze der Pyramide auseinandersetzen.

Also lass uns über Flow sprechen.

Bevor wir uns jedoch anschauen, was du konkret tun kannst, um in den Flow zu kommen, darfst du zunächst verinnerlichen, was du in Zukunft nicht mehr tun solltest. Deine „Not-to-do"-Liste ist in dem Fall genauso wichtig wie die „To-do"-Liste für mehr Flow.

Schon der Urvater des Flow Mihaly Csikszentmihalyi hat in seiner Arbeit sogenannte Flowblocker identifiziert. Wie der Name schon sagt, sind Flowblocker nichts anderes als all die Denk-, Verhaltensweisen und Zustände, die dich von deinem Flowgefühl abhalten. Wenn du dir dieser Flowblocker bewusst bist, wird es dir viel einfacher fallen, diese zukünftig zu vermeiden und abzustellen.

Die größten Hindernisse für deinen Flow sind:

- der krampfhafte Versuch, in den Flow kommen zu wollen
- fehlende Erholungs- bzw. Regenerationsphasen
- Unklarheit bei deinen Zielen
- Gedanken an Vergangenheit und Zukunft
- zu viele Ablenkungen
- Unter- oder Überforderung
- ein „negativer" Gefühlszustand

Der krampfhafte Versuch, in den Flow kommen zu wollen

Du kannst Flow nicht erzwingen. Krampfhaft in den Flow kommen zu wollen, ist oft genau das, was dich von dem gewünschten Zustand abhält. Wenn du etwas zu sehr willst, dann verkrampfst du innerlich. Dir fehlt die nötige Leichtigkeit.

Fehlende Erholungs- bzw. Regenerationsphasen

Auch wenn Flow ein Peak Performance-Zustand ist, brauchst du das richtige Maß an Regeneration, um eben diese Flowzustände erleben zu können. Der Autor und Flowexperte Steven Kotler weist in seinen Forschungen immer wieder auf einen Kreislauf hin („Flow Cycle"), der jedem Flowmoment zugrunde liegt. Regeneration aka. die richtige Erholung ist dabei ein essenzieller Bestandteil. Du fühlst Flow in Momenten der Leistung, doch die dafür nötige Energie wird in deinen Regenerationsphasen gewonnen.

Unklarheit bei deinen Zielen

Wenn du nicht genau weißt, wohin du willst und was du erreichen willst, dann könnte jeder Weg für dich der Richtige sein. Damit hast du zwar viele Möglichkeiten, doch eben auch ein großes Maß an Verwirrung und Zerstreuung. Das Flowgefühl hat seinen Ursprung in dem Gefühl, welches du empfindest, wenn du dich auf eine einzige Sache konzentrierst und darin komplett aufgehst. Nicht zu wissen, was dein Ziel ist, steht im kompletten Widerspruch dazu.

Gedanken an Vergangenheit und Zukunft

Im Flow zu sein, ist nur zu einer Zeit möglich: Im Hier und Jetzt. Solange du dich also mit dem beschäftigst, was schon passiert ist, oder dem, was noch passieren könnte, hast du keine Chance auf Flow. Ein Flowgefühl entsteht ausschließlich im Zusammenhang mit deiner aktuellen Tätigkeit, dem, was du jetzt tust. Jegliche Gedanken an Vergangenheit und Zukunft sind in Bezug auf deinen Wunsch nach Flow fehl am Platz.

Zu viele Ablenkungen

Wir leben in einer Welt der Ablenkungen. Genau deshalb fällt es uns oft so schwer, fokussiert zu bleiben und in den Flow zu kommen. Losgelöst von all den Ablenkungen um dich herum, entsteht ein Zustand der Stille, in dem du dich auf deine aktuell wichtigste Aufgabe konzentrieren kannst. Der Flow folgt deinem Fokus. Solange du jedoch in den endlosen Ablenkungen deines Alltags verloren gehst, wird Flow für dich ein Fremdwort bleiben.

Unter- oder Überforderung

Eine der wichtigsten Grundvoraussetzungen für Flow ist das richtige Verhältnis zwischen der Herausforderung, die deine gewünschte Flow-Tätigkeit mit sich bringt, und deinen eigenen Fähigkeiten. Solange deine Fähigkeiten zu der bevorstehenden Herausforderung passen oder nur minimal voneinander abweichen, bewegst du dich im sogenannten „Flow-Channel". Einfach gesagt, du traust dir zu, die vor dir liegende Herausforderung mit deinen aktuellen Fähigkeiten meistern zu können. Wird der Unterschied zwischen beiden Faktoren zu groß, entfernst du dich von der Möglichkeit des Flows. Wenn du das Gefühl hast, die kommende Aufgabe mit links meistern zu können, bist du unterfordert. Du wirst in dem Fall nicht an deine Leistungsgrenze gehen und du wirst unkonzentrierter sein. Keine guten Voraussetzungen für Flow also. Andersherum verhält es sich ähnlich. Wenn die kommende Herausforderung deine aktuellen Fähigkeiten weit übersteigt, dann bist du überfordert.

Ein „negativer" Gefühlszustand

Im Flow fühlen wir uns oft euphorisch. Wir fühlen uns unglaublich gut. Wir genießen den Moment. Alles geht leicht von der Hand und unsere beste Leistung passiert einfach, ohne dass wir aktiv darüber nachdenken müssen. Genau das Gegenteil einer schlechten Stimmung. Emotionale Zustände wie Frustration, Wut, Ärger, Verzweiflung oder Angst blockieren dich innerlich und halten dich von der gewünschten Leichtigkeit fern. Überlege einfach einmal selbst, wie du dich in solchen „negativen" emotionalen Zuständen fühlst. Leichtigkeit und Gelassenheit sind da eher weniger präsent. Eine gewisse positive Grundstimmung ist für Flow also zwingend notwendig.

Die Liste dessen, was du vermeiden solltest, ist auf den ersten Blick recht lang. Vielleicht hast du das gerade gelesen und dir dabei gedacht: „Kein Wunder, dass ich nicht in den Flow komme. Wie soll ich denn all diese Punkte gleichzeitig vermeiden?"

Keine Sorge, der Weg hin zu mehr Flow wird deutlich einfacher, sobald du den Fokus gleich auf die Denk- und Verhaltensweisen richtest, die deinen Flow begünstigen. Dennoch ist es zum Start einfach wichtig, zu wissen, was du zukünftig vermeiden solltest. Nach der „Not-to-do"-Liste für mehr Flow schauen wir uns jetzt aber die tatsächliche „To-do"-Liste an.

8.2.
DIE WICHTIGSTEN FAKTOREN FÜR FLOW

„Flow is more than an optimal state of consciousness – one where we feel our best and perform our best – it also appears to be the only practical answer to the question: What is the meaning of life? Flow is what makes life worth living."

- Steven Kotler

Flow ist ein Zustand, der in den letzten 40 Jahren immer intensiver erforscht wurde. Besonders das Flow Research Collective in den USA leistet dabei eine großartige Arbeit, von der du profitieren kannst. Durch die Forschungsergebnisse der letzten Jahrzehnte wissen wir heute immer besser, welche Einflussfaktoren das Auftreten von Flow begünstigen.

Für deine täglichen Flowerfahrungen im Alltag darfst du dich vor allem auf folgende Faktoren konzentrieren:

- die richtigen Voraussetzungen schaffen
- machbare Herausforderung
- fokussierte Leichtigkeit
- im Hier und Jetzt sein
- keine Ablenkungen
- Selbstvertrauen
- Optimismus
- Kontrolle

Die richtigen Voraussetzungen schaffen

Das vielleicht Wichtigste direkt zum Start. Flow ist kein Zustand, den du aktiv herbeiführen kannst. Es gibt keine definierte Handlungsabfolge, die dich zuverlässig in den Flow bringt. Warum solltest du dich dann überhaupt noch damit beschäftigen, wenn es diesen direkten Weg nicht gibt? Ganz einfach. Du kannst vielleicht nicht aktiv dafür sorgen, in den Flow zu kommen, doch du kannst die Wahrscheinlichkeit einer Flowerfahrung mit den richtigen Schritten dramatisch erhöhen. Der Fokus liegt also nicht darauf, unbedingt in den Flow zu kommen, sondern die bestmöglichen Voraussetzungen dafür zu schaffen. Du darfst das Ergebnis loslassen und dich voll und ganz auf den Prozess konzentrieren.

Machbare Herausforderung

Wie bereits im vorherigen Abschnitt erwähnt, sind Über- oder Unterforderung zwei absolute Flowblocker, weil sie dir entweder das nötige Selbstvertrauen rauben oder dafür sorgen, dass du unaufmerksam bist. Im besten Fall passt die vor dir liegende Herausforderung zu deinen aktuellen Fähigkeiten oder es herrscht nur ein minimaler Unterschied zwischen diesen beiden Faktoren. Das ist vor allem eine ganz wichtige Nachricht für die High Achiever unter uns, die gerne immer riesige Sprünge machen wollen. Diese riesigen Sprünge überfordern uns viel öfter, als dass sie uns wirklich helfen. Das heißt, auf dem Weg zu deinen großen, außergewöhnlichen Zielen ist es viel wertvoller, kleine Schritte zu machen, die dich konstant weiterbringen.

Wenn du deine Komfortzone jedes Mal um 30 - 40 % erweitern willst, führt das viel öfter zu Frustration und Verzweiflung als zu wertvollem Wachstum. Strebe lieber nach regelmäßigen Verbesserungen im Bereich von drei bis vier Prozent. Wenn du weißt, wie wichtig das Verhältnis zwischen der kommenden Herausforderung und deinen Fähigkeiten ist, kannst du auch für scheinbar leichte Aufgaben gezielt das Niveau anpassen. Eins ist klar, nicht jede Aufgabe in deinem Arbeitsalltag ist immer extrem anspruchsvoll. Oft musst du dich mit relativ banalen Tätigkeiten beschäftigen, bei denen du dich schnell unterfordert fühlst. Doch auch bei diesen Aufgaben ist es durchaus erstrebenswert, in den Flow zu kommen, weil du damit oft die Zeit verkürzen kannst, die nötig ist, um die Aufgabe zu beenden. Zeit ist dabei schon ein sehr gutes Stichwort. Wenn die Aufgabe selbst keine Herausforderung darstellt, dann versuche, mit anderen Einflussfaktoren die Herausforderung zu erhöhen. Anstatt die Aufgabe einfach nur beenden zu wollen, könntest du dir beispielsweise ein Zeitlimit dafür setzen, welches dich durchaus herausfordert. Auch hier darfst du jedoch wieder darauf achten, dass dich dieses Zeitlimit nicht zu sehr unter Druck setzt, sondern eine machbare Herausforderung darstellt.

Fokussierte Leichtigkeit

In vielen Gesprächen über Flow haben meine Kunden immer wieder von einem Zustand der fokussierten Leichtigkeit gesprochen. Für mich trifft es diese Formulierung perfekt, weil sie direkt zwei wichtige Faktoren für Flow vereint. Den Fokus auf ein klares Ziel bzw. eine klar definierte Aufgabe und die nötige innerliche Lockerheit.

Flow ist nur möglich, wenn du dich auf eine einzige Sache konzentrierst. Multitasking ist eine absolute Illusion. Sobald du beginnst, zwei Dinge parallel erledigen zu wollen, springt deine Aufmerksamkeit immer wieder zwischen diesen beiden Fokuspunkten hin und her. Ein tiefer Fokus, wie er für den Flow notwendig ist, entsteht dabei nicht.

Dieser Fokus sollte sich jedoch nicht verkrampft anfühlen. Du solltest keine innere Anspannung fühlen, sondern eben ein Gefühl der Leichtigkeit haben. Der meiner Meinung nach wichtigste Einflussfaktor hierbei ist deine Atmung. Deine Atmung ist der direkte Draht zu deinem

Nervensystem und damit ein jederzeit verfügbares Tool, um dich selbst zu regulieren. Mit der passenden Atmung vermeidest du Nervosität und übertriebene Anspannung. Wie dir das im Detail gelingt, schauen wir uns in einem der nächsten Abschnitte an.

Im Hier und Jetzt sein

Auch wenn du dich vielleicht schon an einige Flowmomente aus deiner Vergangenheit erinnern kannst, gibt es nur einen einzigen Moment, in dem du wirklich in den Flow kommen kannst:

Der jetzige Moment.

Dan Millman hat das in seinem Buch „Der Pfad des friedvollen Kriegers" schön herausgestellt, indem die Hauptfigur, ein Leistungsturner, von seinem Mentor immer wieder mit zwei Fragen konfrontiert wird:

- „Wie spät ist es?"
- „Wo bist du?"

Im Laufe des Buches findet sich die passende Antwort darauf:

„Die Uhrzeit ist jetzt."
„Ich bin hier."

Erst nach dieser Erkenntnis findet der Athlet im Wettkampf wieder seinen Flow und begeistert mit außergewöhnlichen Leistungen.
Im Hier und Jetzt zu sein, ist nicht nur für Flow essenziell, sondern auch für viele weitere positive Veränderungen in deinem Leben. Dabei geht es vor allem darum, immer wieder Impulse zu nutzen, die dich mit dem verbinden, was jetzt wirklich passiert. Ein gutes Beispiel dafür ist deine Atmung. Du kannst nicht in der Vergangenheit atmen und

du kannst auch nicht in der Zukunft atmen. Wenn du bewusst atmest, dann bist du automatisch im Hier und Jetzt. Doch auch deine Sinnesorgane können in dem Fall ein wertvolles Tool sein.
In der Zusammenarbeit mit einer deutschen Kurzsprinterin hat sie sich zum Beispiel für ihren Tastsinn als Achtsamkeitsimpuls entschieden. In den letzten Sekunden vor dem Start richtet sie sich im Startblock ein und berührt dann auch mit den Händen die Laufbahn. Genau diesen Moment nutzt sie für sich, um darauf zu achten, wie sich ihre Hände auf der Laufbahn anfühlen. Ein Impuls, der nur jetzt in diesem Moment stattfindet und dafür sorgt, dass sie unmittelbar vor dem Start komplett präsent ist.

Keine Ablenkungen

Ich glaube, in unserer heutigen Zeit gibt es keinen größeren Feind für dein Flowgefühl als Ablenkungen. Die Aufmerksamkeitsspanne vieler Menschen wird immer geringer, während die Anzahl an potenziellen Ablenkungen immer weiter zunimmt. Ohne mentales Training und klare Arbeitsstrukturen wirst du den Kampf gegen die Ablenkungen früher oder später verlieren. Bevor ich angefangen habe, meinen Tagesverlauf immer mehr in Richtung Flow zu optimieren, war ich genau dann, wenn ich fokussiert sein wollte, mit Ablenkungen überflutet. An meinem Laptop hatte ich sicher 20 verschiedene Tabs offen. Mein Smartphone lag direkt neben dem Laptop und gefühlt alle zwei Minuten gab es eine neue Benachrichtigung. Im schlimmsten Fall lief im Hintergrund über meine Kopfhörer auch noch eine Podcast-Folge. Und dann habe ich mich gewundert, warum ich ständig unkonzentriert war und für jede noch so einfache Aufgabe eine gefühlte Ewigkeit gebraucht habe. Je mehr Ablenkungen du eliminieren kannst, desto besser. Alle Tabs schließen, Smartphone weglegen oder in den Flugmodus setzen, Noise-Cancelling-Kopfhörer nutzen und Musik hören, die dir dabei hilft, dich wirklich zu konzentrieren. Mein Favorit dabei sind im Übrigen die Musikstücke von Ludovico Einaudi oder auch sogenannte Binaurale Beats. Beides findest du in großer Auswahl bei Spotify oder anderen Anbietern.

Abseits der kontrollierbaren Einflüsse gibt es natürlich auch immer wieder Ablenkungen, die du nur schwer oder gar nicht beeinflussen kannst. Hier gilt es, deine mentalen Fähigkeiten so gut zu trainieren, dass diese Ablenkungen auf dich keinen negativen Einfluss mehr haben. Das begleitende Calm Mind-Training, das dir als Leser kostenfrei zur Verfügung steht, wird dich auf jeden Fall bei diesem Trainingsprozess unterstützen.

Deinen Zugang erhältst du unter: http://mindact.io/buch. Den dafür nötigen Code findest du auf der letzten Seite dieses Buches.

Selbstvertrauen

Um in den Flow kommen zu können, musst du das Vertrauen haben, dass du die vor dir liegende Aufgabe bewältigen kannst. Genau das resultiert aus einer machbaren Herausforderung. Solange dir das nötige Selbstvertrauen fehlt, wird dein Flow immer wieder von Selbstzweifeln und Unsicherheiten sabotiert. Umso wertvoller ist es für dich, das Level deiner kommenden Herausforderung immer wieder richtig einschätzen zu können und dich nicht permanent mit Situationen zu konfrontieren, in denen dir komplett das Selbstvertrauen fehlt. Kein Spitzensportler würde auf die Idee kommen, in jeder Trainingseinheit eine Verbesserung der eigenen Bestleistung um zehn Prozent oder mehr anzustreben. Einerseits natürlich aus Gründen der Trainingssteuerung, andererseits aber auch, um das notwendige Selbstvertrauen zu bewahren. Wir alle wissen, große Erfolge sind immer das Ergebnis vieler kleiner Erfolge, die sich addiert haben. Übernachterfolge existieren nur in den Medien. In der Realität steckt dahinter immer ein längerer Erfolgsweg. Jeder dieser kleinen Erfolge ist einfach nur das Ergebnis dessen, dass die betreffende Person eine Herausforderung gemeistert hat, für die sie ein gewisses Maß an Selbstvertrauen hatte.

Optimismus

Hast du schon mal etwas von einem negativen Flow gehört? Ich nicht. Und der Grund dafür ist recht einfach. Flow bedingt Optimismus und Positivität. Allein die Tatsache, dass du die richtige Herausforderung gewählt hast, und Vertrauen in dich und deine Fähigkeiten hast, wird schon für Optimismus sorgen. Du glaubst an ein positives Ergebnis deiner Handlungen. Diese positive Grundstimmung gilt es, immer wieder zu bewahren oder neu herzustellen. Wenn du schlecht drauf bist, bringt es nichts, einen verzweifelten Anlauf in Richtung Flow zu nehmen. Nimm dir an der Stelle lieber erst einmal ein paar Minuten Zeit, um deinen Grundzustand zu verändern und alle Negativität loszulassen. Ansonsten verschlimmert der gescheiterte Versuch, in den Flow zu kommen, deine schlechte Laune nur noch.
P.S.: Wenn du vorher das passende Fundament geschaffen hast und im Fluss des Lebens keine unnötigen Widerstände erzeugt hast, wirst du dich automatisch schon besser fühlen.

Kontrolle

Wir haben bereits über die Bedeutung der richtigen Kontrolle gesprochen und darüber, dass du nicht alles kontrollieren kannst.

„Control the Controllable"

Auch in Bezug auf deine Flowerfahrungen spielt Kontrolle eine wichtige Rolle. Alle Faktoren, die Flow begünstigen, und die wir bisher besprochen haben, kannst du aktiv beeinflussen. Du hast Kontrolle über sie. Solange du dich auf diese Faktoren konzentrierst, liegt es nur an dir, die passenden Voraussetzungen für Flow zu schaffen. Du hast die Kontrolle über das, was du kontrollieren kannst. Weichst du davon ab und versuchst, unkontrollierbare Einflüsse zu verändern, führst du einen Kampf, den du nicht gewinnen kannst. Deine Kontrolle geht verloren und dein Flowgefühl rückt in weite Ferne.

8.3.
IN DEN FLOW KOMMEN

„Get to that Zone where you can shut out all the noise, all the negativity and fear and distractions and lies, and achieve whatever you want, in whatever you do."

- Tim Grover

Du weißt jetzt, was du vermeiden solltest, um in den Flow zu kommen, und du kennst die wichtigsten Faktoren, die deinen Flow begünstigen. Stellt sich also nur noch die Frage: Wie kommst du bestmöglich in den Flow?

Im Grunde genommen ist es ganz einfach. Du sorgst dafür, dass möglichst viele Flow fördernde Faktoren erfüllt sind und bestenfalls alle Flowblocker eliminiert sind. Dabei kannst du einigen Grundprinzipien folgen, die es dir immer leichter machen werden.

Diese Prinzipien sind nahezu komplett unabhängig von deiner tatsächlichen Arbeit bzw. deinen individuellen Produktivitätstechniken. Ich werde von daher nicht weiter auf die exakten Arbeits- oder Produktivitätstechniken eingehen. Dazu gibt es viele wirklich gute Bücher. Die folgenden Prinzipien für Flow sind eher eine übergeordnete Orientierung. Mit diesem Fundament kannst du dann deine individuellen Techniken und Systeme noch besser implementieren.

Starten wir mit dem ersten Prinzip:

Habe ein klares Ziel.

Egal, ob du E-Mails beantworten willst, ein Kundengespräch führst, ein Meeting leitest oder andere Aufgaben erledigst, bei denen du im Flow sein willst, ohne ein klares Ziel wird es schwierig. Mache dir immer wieder bewusst, was du erreichen möchtest.

Wie sieht dein gewünschtes Endergebnis aus?

Dieses klare Ziel hilft dir dabei, deinen Fokus aufrechtzuerhalten. Im besten Fall lebst du so ein Leben, das geleitet wird von klaren Intentionen. Der Vorteil davon? Du landest nicht mehr in Situationen, in denen du tausend Dinge gleichzeitig machst und du vermeidest es, vom Weg abzukommen, weil hinter jeder deiner Handlungen eine Intention steckt, die ein klares Ziel verfolgt.

Prinzip Nummer zwei schließt direkt daran an und hilft dir dabei, nicht über- oder unterfordert zu sein:

Schaffe die für dich passende Herausforderung.

Wenn das gewünschte Ziel für den Moment zu schwer erscheint und du überfordert bist, dann brich das Ziel noch weiter herunter, sodass du es in mehreren, machbaren Schritten erreichen kannst. Ist die Aufgabe zu einfach, dann erhöhe die Herausforderung etwas, indem du z. B. ein anspruchsvolles Zeitlimit setzt. Behalte hier immer im Hinterkopf, dass Über- oder Unterforderung deinen Flow jederzeit im Keim ersticken können. Letztendlich liegt es jedoch bei dir, das Level deiner Herausforderung zu kontrollieren und zu steuern. Sobald du ein klares Ziel definiert hast und das passende Level der Herausforderung gefunden hast, geht es im Anschluss vor allem um deine Konzentration.

Prinzip drei lautet dementsprechend:

Mache es dir so leicht wie möglich, dich konzentrieren zu können.

Für Arbeiten am Laptop könnte das bedeuten: Schreibtisch aufräumen, alle unnötigen Tabs schließen, Handy in den Flugmodus und außer Reichweite legen, vielleicht noch die Noise-Cancelling-Kopfhörer aufsetzen. Je nach Arbeitsinhalten wird nicht alles davon möglich sein und du musst dich etwas anpassen. Der wichtigste Tipp hierbei ist: Versuche, nicht die perfekten Umgebungsbedingungen zu finden oder zu schaffen. Sicher kannst du immer wieder bestimmte Faktoren optimieren, doch letztendlich geht es vor allem darum, die aktuell bestmöglichen Bedingungen zu schaffen und trotz der nicht perfekten Umstände konzentriert zu sein. Genau das zeichnet auch die besten Athleten der Welt aus.

Unter Wettkampfbedingungen gibt es immer Ablenkungen. In einem vollbesetzten Stadion wimmelt es nur so vor Ablenkungen. Die Umgebungsbedingungen sind alles andere als perfekt, um wirklich konzentriert zu sein. Die besten Athleten haben einfach nur gelernt, trotz der nicht perfekten Umstände maximal konzentriert zu sein. Sie haben gelernt, alles andere um sich herum auszublenden.

Während ich dieses Buch geschrieben habe, war ich inzwischen in vier verschiedenen Ländern und fünf völlig unterschiedlichen Wohnungen. Jedes Mal waren die Gegebenheiten zum Arbeiten ganz unterschiedlich. Teilweise war es dunkel, manchmal war es laut, mehr als nur einmal gab es keinen wirklich passenden Schreibtisch. Nicht unbedingt die besten

Voraussetzungen, um konzentriert zu sein. Mein Fokus lag jedoch immer darauf, aus diesen Bedingungen das Bestmögliche herauszuholen und trotzdem fokussiert und im Flow zu schreiben. Wäre es mein Anspruch gewesen, immer unter den perfekten Bedingungen zu schreiben, dann würdest du dieses Buch heute sicher noch nicht in der Hand halten.

Ein klares Ziel, die passende Herausforderung und der Fokus auf deine aktuell wichtigste Aufgabe werden deine Chancen auf eine Flowerfahrung enorm erhöhen.

Es gibt jedoch noch zwei weitere Prinzipien, die du berücksichtigen solltest.

Nummer vier lautet:

Erhole dich nach jeder Flowerfahrung.

Wie bereits erwähnt, ist Regeneration ein wichtiger Faktor im Flowzyklus. Das bedeutet, nach jeder Flowerfahrung darfst du eine Regenerationsphase folgen lassen. Je nachdem wie intensiv und langanhaltend dein Flow war, darf diese Pause länger oder kürzer sein. Wichtig ist, dass du deinem Körper und Geist die Möglichkeit gibst, wieder Energie zu tanken und deine Ressourcen aufzufüllen. Im Arbeitsalltag reichen dafür oft schon wenige Minuten, die du mit den für dich passenden Microhabits füllst. Spätestens jedoch nach mehreren Flow-Blöcken solltest du dir eine längere Pause gönnen. Wie auch im Sport gilt hier: Nur mit der richtigen Regeneration kannst du jederzeit zu einhundert Prozent leistungsfähig sein.

Das letzte Prinzip bedient sich einer wertvollen Technik aus dem mentalen Training und hilft dir dabei, Flow immer mehr zu deinem neuen Standard zu machen:

Baue eine Pre-Flow-Routine auf.

Im Sport ist dieser Part einer der größten Gamechanger. Alle Athleten haben bereits ihre eigene Warm-up-Routine, um den Körper für den Wettkampf vorzubereiten. Der Fokus liegt jedoch eben meist nur auf dem Körper. Wahrscheinlich weniger als fünf Prozent aller Leistungssportler haben bereits eine spezifische mentale Warm-up-Routine. Doch genau das macht den Unterschied. Und was im Sport so erfolgreich funktioniert, kann auch dir helfen. Im besten Fall hast du also einzelne Gewohnheiten oder auch eine kurze Routine, die du exklusiv nur vor Situationen nutzt, in denen du in den Flow kommen willst. Mit dieser Pre-Flow-Routine kannst du noch einmal für die bestmöglichen Grundvoraussetzungen sorgen und langfristig wird dein Kopf diese Routine automatisch mit der Erfahrung des Flows verknüpfen. Dein Zugang zum Flow wird so noch einmal leichter.

Deine Pre-Flow-Routine kann dabei verschiedenste Gewohnheiten beinhalten, je nachdem, was für dich am besten funktioniert.

Einen potenziellen Ablauf kennst du bereits aus einem der vorherigen Kapitel, in dem ich beispielhaft die mentale Wettkampfvorbereitung einiger Athleten mit dir geteilt habe. Hier noch mal zur Erinnerung der kurze Ablauf:

- 60 Sekunden: Atemübungen
- 60 Sekunden: Achtsamkeit
- 60 Sekunden: Affirmationsfragen
- 60 Sekunden: Visualisierung
- 60 Sekunden: Dankbarkeit

In diesen fünf Minuten sorgst du für körperliche und mentale Gelassenheit, bringst deinen Fokus komplett ins Hier und Jetzt, steigerst dein Selbstvertrauen, hältst dir noch einmal vor Augen, was du genau erreichen willst, und baust ein Gefühl von Optimismus und Positivität auf.

Abgesehen von den grundsätzlichen Veränderungen deines Mindsets ist die Pre-Flow-Routine einer der wichtigsten Faktoren für deinen Erfolg und deinen Flow.

Warum?

Die Routine ermöglicht dir eine starke Wiederholbarkeit, bringt dich in den bestmöglichen Ausgangszustand für Flow, und erlaubt es dir, dich individuell auf deine Umgebungsbedingungen und deine aktuellen Herausforderungen anzupassen.

Die genauen Inhalte variieren dabei natürlich immer. Gerade bei den ersten vier Abschnitten bleibt dir viel Spielraum für individuelle Lösungen, denn nicht jede Technik funktioniert zu jeder Zeit für jede Person.

Mit welchen Gewohnheiten du deine Routine füllen kannst und was die effektivsten Microhabits für deinen Alltag sind, schauen wir uns als Nächstes an.

8.4.
ZUSAMMENFASSUNG

Wichtigste Punkte:

- Das passende Mindset kombiniert mit den für dich wertvollsten und hilfreichsten Microhabits sorgt dafür, dass du langfristig und nachhaltig außergewöhnliche Leistungen vollbringen kannst, ohne das Gefühl zu haben, auszubrennen oder dich selbst in dem Streben nach deinen Zielen zu verlieren.

- Flowblocker sind die Denk-, Verhaltensweisen und Zustände, die dich von deinem Flowgefühl abhalten. Sie gilt es zukünftig zu vermeiden und abzustellen.

- Für deine täglichen Flowerfahrungen im Alltag darfst du dich vor allem auf folgende Faktoren konzentrieren: machbare Herausforderung, fokussierte Leichtigkeit, im Hier und Jetzt sein, keine Ablenkungen, Selbstvertrauen, Optimismus und Kontrolle.

- Deine persönliche Pre-Flow-Routine ist einer der wichtigsten Faktoren für deinen Erfolg und deinen Flow.

9.0.

CONNECTING THE DOTS

„You can't connect the dots looking forward; you can only connect them looking backwards. So you have to trust that the dots will somehow connect in your future."

- Steve Jobs

Bis hierhin haben wir uns die wichtigsten Teilbereiche angeschaut, die es dir erlauben, im Fluss des Lebens zu bleiben und daraus gezielte Flow-Momente zu kreieren, in denen du über dich hinauswachsen kannst.

In diesem letzten Abschnitt möchte ich alles für dich zusammenfügen, sodass du das Buch mit einer klaren Anleitung für deinen Alltag beiseitelegst.

Steve Jobs hat mal so schön gesagt:

„You can't connect the dots looking forward; you can only connect them looking backwards. So you have to trust that the dots will somehow connect in your future. You have to trust in something - your gut, destiny, life, karma, whatever. This approach has never let me down, and it has made all the difference in my life."

Es hätte für dich keinen Sinn ergeben, diese komplette Anleitung bereits an den Anfang des Buches zu packen, weil dir der Überblick über die einzelnen Bereiche gefehlt hätte. Bei mir war es genauso. Ich bin nicht eines Tages aufgewacht und hatte all diese Strategien und Lösungen im Kopf. Alles, was du bisher gelesen hast, hat sich in meinem Leben

über die Jahre hinweg zusammengesetzt. Ich habe immer weiter gelernt, wieder neue Erfahrungen gemacht und dabei Stück für Stück erkannt, wie die Puzzleteile zusammenpassen. Tatsächlich habe ich das gesamte Bild erst in einer Ayahuasca-Zeremonie gesehen und dadurch genau gewusst, wie ich dieses Buch aufbauen will.
Also lass uns jetzt auch für dich die einzelnen Punkte verbinden, sodass du das ganze Bild sehen kannst.

Um wirklich dein volles Potenzial ausschöpfen zu können und auf alle Herausforderungen des Lebens vorbereitet zu sein, braucht es meiner Meinung nach vor allem sechs persönliche Qualitäten. Genau diese Qualitäten findest du immer wieder, wenn du dich mit den Erfolgsgeheimnissen der Besten beschäftigst. Egal ob in Sport oder Business.
Diese sechs Qualitäten sind:

- Präsenz & Achtsamkeit
- Fokus bzw. Konzentration
- Gelassenheit
- Selbstvertrauen
- Optimismus
- Zielstrebigkeit

Über alle sechs Qualitäten haben wir bereits an verschiedenen Stellen gesprochen und auch einige der Umsetzungsstrategien werden dir schon bekannt vorkommen. Wie ich schon gesagt habe: Es ist Zeit, das ganze Puzzle für dich zusammenzusetzen.

9.1.
PRÄSENZ UND ACHTSAMKEIT

„The ability to be in the present moment is a major component of mental wellness."

- Abraham Maslow

Genau genommen spielt sich dein Leben immer nur in einem einzigen Moment ab, dem jetzigen. Vergangenheit und Zukunft sind lediglich mentale Konstrukte, mit denen wir den Zeitverlauf beschreiben. In der Realität lebst du jedoch immer nur im Hier und Jetzt. Es ist dieser eine Moment, der für dich die meiste Bedeutung hat, und vor allem bist du auch nur in diesem jetzigen Moment in der Lage, eine Veränderung zu bewirken. Somit ist die Präsenz im Hier und Jetzt die absolute Grundlage für alles, was du verändern und erreichen willst. Solange du im Alltag immer wieder in Vergangenheit oder Zukunft verloren gehst, verschwendest du dein Potenzial. Nichts wird sich ändern, bis du nicht gelernt hast, wirklich präsent zu sein.

Anfangs wird sich das auf wenige bewusste Momente deines Lebens konzentrieren, später, mit etwas mehr Training und Geduld, wird sich diese Präsenz immer mehr auf dein ganzes Leben ausweiten.

Starten wir aber erst einmal mit den kleinen Momenten, denn diese sind der Türöffner für deine Veränderung.

Um wirklich präsent zu sein, brauchst du oft nicht mehr als wenige Sekunden. Natürlich kannst du mit mehr Zeit immer tiefer in den jetzigen Moment eintauchen, doch darum geht es an dieser Stelle nicht.

Was du wirklich brauchst, ist eine möglichst häufige Verbindung mit dem Hier und Jetzt. Das heißt ganz einfach: Du brauchst immer wieder kleine Momente der Achtsamkeit. Wie du bereits weißt, kannst du Achtsamkeit über viele verschiedene Wege erreichen. Ziel ist es hier nicht, alle Optionen zu nutzen, sondern deine besten Varianten zu finden. Nehmen wir zum Beispiel deine Sinnesorgane. Du hast davon fünf Stück, doch nicht alle werden gleich gut funktionieren, um dich in den jetzigen Moment zu bringen. Ich bin beispielsweise ein sehr auditiver Typ. Meine Augen kurz zu schließen und einfach alle Umgebungsgeräusche wahrzunehmen, bringt mich innerhalb von Sekunden ins Hier und Jetzt. Versuche ich dasselbe mit meinem Geruchssinn, scheitere ich meistens oder brauche viel länger. Auch du hast deine Präferenzen, die du kennenlernen darfst.

Hier noch einmal zur Übersicht, deine Optionen:

Sehen: Schaue für einige Sekunden nur auf einen Punkt in deinem unmittelbaren Sichtfeld und achte auf alle Details, die du erkennen kannst.

Hören: Schließe deine Augen und achte ganz bewusst auf alle Geräusche, die du wahrnehmen kannst. Versuche, selbst die leisesten Töne zu hören.

Fühlen: Hier hast du mehrere Optionen. Du kannst deine Hand auf deinen Bauch legen und die Bewegung deiner Atmung fühlen, oder z. B. einfach nur darauf achten, wie sich deine Hand auf einer bestimmten Oberfläche wie dem Tisch oder deiner Hose anfühlt. Alternativ kannst du auch deine Finger aneinander reiben und auf dieses Gefühl achten.

Riechen: Entweder konzentrierst du dich einfach nur auf die Gerüche deiner Umgebung oder du arbeitest, wenn möglich, aktiv mit Düften wie ätherischen Ölen (funktioniert vor allem im Homeoffice gut). Schließe auch hier am besten die Augen, um dich besser auf deinen Geruchssinn konzentrieren zu können.

Schmecken: Logischerweise funktioniert das am besten beim Essen oder Trinken. Konzentriere dich voll und ganz auf deinen Geschmackssinn und die verschiedenen Geschmackserfahrungen in deinem Mund.

Mein Tipp an dieser Stelle: Teste einfach alle fünf Optionen und schaue, welche für dich am besten funktioniert. Dann nutze vor allem deine beiden Favoriten.

Doch wann setzt du diese Achtsamkeitsimpulse am besten ein?

Einfach gesagt: Je öfter, desto besser. Keine dieser Übungen benötigt mehr als zwei Minuten, oft reichen sogar schon 60 Sekunden. Anfangs wird dein Bewusstsein für den Verlust des jetzigen Moments wahrscheinlich noch nicht so groß sein, von daher ist es einfacher, dir simple Erinnerungen anzulegen, die dafür sorgen, dass du dir kurz Zeit für deinen Achtsamkeitsimpuls nimmst. Vielleicht ist es ein Post-it an deinem Arbeitsplatz, auf dem einfach nur die Worte „Hier und Jetzt" stehen. Vielleicht sind es drei Erinnerungen, die du mit etwas zeitlichem Abstand in deinem Smartphone abspeicherst, sodass du täglich zur selben Zeit daran erinnert wirst. Oder du verbindest bestimmte Handlungen, die sich oft wiederholen, mit dem Achtsamkeitsimpuls. Der Gang zum Kaffeeautomaten, die Fahrt mit der Bahn zur Arbeit, dein Mittagessen, der Gang zur Toilette. Es gibt genügend Tätigkeiten, die du teilweise mehrmals täglich ausführst. Wenn du diese Wiederholungen mit einem kurzen Moment der Achtsamkeit verbindest, dann schaffst du dir einfache Erinnerungen im Alltag, die dafür sorgen, dass du zurück ins Hier und Jetzt kommst.

Vielleicht gibt es manchmal Situationen, in denen du nicht einmal 60 Sekunden Zeit hast für einen Achtsamkeitsimpuls. Auch dafür gibt es eine Lösung. Ein einziger bewusster Atemzug. In dem Moment, wo du bewusst atmest, bist du auch immer im Hier und Jetzt. Denke daran: Du kannst nicht in der Vergangenheit oder Zukunft atmen, sondern nur hier und jetzt. Also atme wenigstens einmal tief und entspannt durch die Nase ein und möglichst lang gezogen durch den Mund wieder aus. Selbst ein einziger bewusster Atemzug kann schon für mehr Achtsamkeit sorgen.

Jedes Mal, wenn du dir kurz die Zeit nimmst, um wieder achtsam zu sein, sendest du dir selbst das Signal, dass es für dich wichtig ist, präsent zu sein. Sei es auch nur mit einem Atemzug. Das Gute dabei ist, dass dir diese Achtsamkeitsmomente immer wieder helfen, mit vielen potenziell belastenden Einflussfaktoren umzugehen. Viele Selbstzweifel, Sorgen und Ängste existieren nur in unseren Gedanken an Vergangenheit oder Zukunft. Im Hier und Jetzt ist oft nichts davon präsent und du kannst dich von diesen Belastungen lösen. Auch dein Stresslevel lässt sich so viel besser regulieren. Jedes Mal, wenn du überfordert bist und dein Stresslevel durch die Decke geht, bedeutet das nur, dass du zu lange nicht mehr bewusst darauf geachtet hast, wie es dir jetzt gerade geht. Wärst du präsent gewesen, dann hättest du den steigenden Stress bemerkt und etwas dagegen unternehmen können. Deine Achtsamkeitsimpulse erlauben es dir also auch, immer wieder deine aktuelle Gefühlslage und dein Stresslevel wahrzunehmen und gegebenenfalls gegenzusteuern. Über deine Fähigkeit, achtsam zu sein, sammelst du Informationen über dich selbst und deine Umgebung und kannst anschließend entscheiden, wie du darauf reagieren willst.

Auch im Sport sind diese Achtsamkeitsimpulse keine Seltenheit. Viele Athleten nutzen oft die letzten Sekunden vor dem Wettkampf, um noch einmal komplett ins Hier und Jetzt zurückzukehren. Für manche ist das sogar eine regelmäßige Routine während ihrer Wettkämpfe oder Spiele. Es gibt beispielsweise mehrere Videos von Kobe Bryant oder LeBron James, wie sie während eines Basketballspiels kurz auf der Bank sitzen und meditieren. So ein Basketballspiel ist unglaublich schnelllebig, hektisch, manchmal chaotisch. Es gibt viele Auf und Abs. Darin verloren zu gehen, ist recht einfach. Den Flow und ihre beste Leistung finden in so einem Szenario nur diejenigen, die permanent präsent bleiben. Für deinen anspruchsvollen Alltag gilt dasselbe.

Achtsam und präsent zu sein, ist das wichtigste Fundament, um die unzähligen Herausforderungen unserer heutigen Zeit mit Leichtigkeit und Gelassenheit bewältigen zu können. Keine der noch folgenden Qualitäten kann wirklich Bestand haben, wenn du nicht achtsam bist.

Wichtig dabei ist vor allem die Achtsamkeit im Alltag. Wenn du beispielsweise bereits eine Meditationspraxis am Morgen hast, dann ist das eine gute Ausgangslage. Du darfst dich jedoch fragen, ob du diesen achtsamen Zustand deiner Meditation auch wirklich über den Tag hinweg aufrechterhalten kannst. Falls nicht, dann darfst du mit kleinen Achtsamkeitsimpulsen in Form von Microhabits nachhelfen und dich immer wieder in diesen Zustand bringen. Das ist ein ganz entscheidender Punkt. Du findest unzählige Ratgeber, die dir alle die angeblich beste Morgenroutine aufzeigen. Doch keiner oder nur ganz wenige dieser Ratgeber sprechen darüber, dass der aufgebaute positive Zustand einer guten Morgenroutine nicht automatisch den ganzen Tag anhält. Ganz einfaches Beispiel dazu. Oft wird empfohlen, dass du direkt am Morgen einen Liter Wasser trinken solltest, um deinen Körper ausreichend mit Flüssigkeit zu versorgen. Bedeutet das dann, dass du für den Rest des

Tages kein Wasser mehr trinken musst? Nein, natürlich nicht. Über den Tag hinweg darfst du immer wieder darauf achten, dass dein Körper ausreichend hydriert ist. Derselbe Prozess lässt sich auch auf deine Achtsamkeit anwenden. „Nur" weil du morgens meditiert hast und das Haus in einem präsenten und achtsamen Zustand verlässt, bedeutet das noch lange nicht, dass dieser Zustand auch bis zum Abend bestehen bleibt. Du darfst also zwischendurch immer wieder kleine Achtsamkeitsimpulse einstreuen, um wirklich ganztägig davon zu profitieren. So betrachtet, ist Achtsamkeit vielmehr ein Lifestyle als eine Technik oder Gewohnheit, die du in deinen Alltag einbaust. Das Ziel darf es also sein, ein achtsamer Mensch zu sein und nicht nur ab und an Achtsamkeit zu trainieren.

9.2.
FOKUS UND KONZENTRATION

„My thoughts before a big race are usually pretty simple. I tell myself: Get out of the blocks, run your race, stay relaxed. If you run your race, you'll win ... channel your energy. Focus."

- Carl Lewis

Fokussiert und konzentriert zu sein, baut darauf auf, dass du wirklich präsent und achtsam bist. Nur mit diesem achtsamen Fundament bist du in der Lage, alle Ablenkungen auszublenden bzw. trotz einiger Störfaktoren den Fokus zu behalten. Wir haben bereits darüber gesprochen, dass du es dir so einfach wie möglich machen darfst, dich wirklich konzentrieren zu können. Das heißt, du darfst deine eigenen Arbeitsbedingungen und dein Umfeld betrachten und es optimieren. Du kennst deine Abläufe selbst am besten und kannst dementsprechend die sinnvollsten Verbesserungen vornehmen. Fünf Minuten, in denen du kurz dein Arbeitsumfeld von potenziellen Ablenkungen befreist, können dir dabei eine Menge Frustration ersparen. Abseits der äußeren Faktoren, die dir deinen Fokus rauben können, geht es natürlich auch darum, die inneren Ablenkungen auszuschalten. Die gute Nachricht ist: Ein Großteil dieser Ablenkungen verschwindet, wenn du achtsam im Hier und Jetzt bist. Viele unserer ablenkenden Gedanken drehen sich nicht um das, was jetzt gerade passiert, sondern beschäftigen sich mit der Vergangenheit oder Zukunft. Im Hier und Jetzt kannst du dich glücklicherweise automatisch von vielen dieser Einflüsse verabschieden. Fokussiere dich also lieber darauf, wirklich achtsam zu sein, anstatt alle Gedanken loslassen zu wollen. Das Loslassen der unerwünschten Gedanken passiert automatisch, wenn du achtsam bist.

Das ist generell ein guter Tipp, wenn es darum geht, deinen Fokus auf das zu lenken, was für dich wirklich wichtig ist. Wir konzentrieren uns in diesem Prozess oft zu sehr auf das, was wir nicht haben wollen oder ausblenden wollen, anstatt auf das, was wir haben wollen. Du könntest beispielsweise sagen: „Ich will morgens nicht mehr direkt auf mein Smartphone schauen", oder z. B.: „Ich will morgens direkt mit etwas Bewegung und einer kurzen Meditation in den Tag starten". Erkennst du den Unterschied? Einmal liegt dein Fokus auf der Gewohnheit, die du nicht mehr pflegen willst, und einmal auf der neuen Verhaltensweise. Die positive Intention steckt bei beiden dahinter, doch nur im zweiten Beispiel löst du dich auch wirklich gedanklich von der alten Gewohnheit. Im Rennsport gibt es diesen schönen Spruch: „Dein Auto fährt immer dahin, wohin du schaust." Wenn du also nicht in die Mauer fahren willst, dann blicke an den Ausgang der Kurve und nicht an die Mauer. Du darfst deinen Fokus immer ganz konkret auf das richten, was du wirklich willst und was für dich jetzt wirklich wichtig ist. Auch hier können kleine Reminder helfen, den Fokus immer richtig zu setzen. Erinnere dich an die kleine Analogie aus dem Sport.

W.I.N. - What's important now?

Jedes Mal, wenn du den Fokus verlierst oder ihn aufbauen willst, dann frage dich:

Was ist jetzt wirklich wichtig?

Das Gute dabei ist, dass dein Kopf dir automatisch die richtigen Antworten liefern wird. Wenn du eigentlich gerade fokussiert an einem Projekt arbeiten willst und dir diese Frage stellst, dann wird dein Kopf nicht antworten:

„Es ist jetzt besonders wichtig, dass du noch mindestens 10 neue Tabs an deinem Laptop aufmachst und parallel noch mal kurz dein LinkedIn überprüfst."

Die Antwort wird stattdessen sehr kurz und klar sein.

„Es ist jetzt das Wichtigste, dass du dich ausschließlich auf die Arbeit an diesem einen Projekt konzentrierst."

Dich selbst zu fragen, was jetzt wirklich wichtig ist, ist somit nichts weiter als eine Erinnerung an dein klares Ziel. Die Frage sorgt dafür, dass du nicht doch wieder in anderen Aufgaben oder Ablenkungen verloren gehst und dich stattdessen voll und ganz auf dein Ziel fokussierst.

Dennoch kann es immer wieder Momente geben, in denen dein Kopf trotz aller Bemühungen nicht wirklich zur Ruhe kommt. Du hast versucht, achtsam zu sein. Du hast dich gefragt, was jetzt wirklich wichtig ist. Du hast deine äußeren Störfaktoren weitestgehend eliminiert und doch gehen dir noch immer tausend Dinge durch den Kopf. An der Stelle wird es Zeit, deinen Zauberstab zu schwingen. „Was? Welchen Zauberstab?", fragst du dich wahrscheinlich gerade.

Lass es mich dir erklären.

Ich bin mit den Harry-Potter-Büchern groß geworden und habe jedes davon verschlungen. Als ich dann in den letzten Jahren auch die Filme dazu gesehen habe, ist mir eine Szene im Zusammenhang mit meiner Arbeit besonders im Gedächtnis geblieben. Immer wieder beobachten wir den Schulleiter von Hogwarts, Professor Dumbledore, dabei, wie er mit seinem Zauberstab einige seiner Gedanken aus seinem Kopf zieht und im Denkarium ablegt. Das Denkarium ist ein kleines, mit Flüssigkeit gefülltes Becken, in dem die Gedanken abgelegt werden und jederzeit wieder abgerufen werden können. Wahrscheinlich fragst du dich immer noch, was das gerade mit dir zu tun hat, denn schließlich hast du weder einen Zauberstab noch ein Denkarium, richtig? Nicht ganz. Du hast einen Stift und du hast ein Blatt Papier. Erstaunlicherweise funktioniert das in Kombination genauso gut wie die magische Variante aus Harry Potter. Stelle dir vor, du willst dich gerade unbedingt auf eine einzige Sache konzentrieren, doch dein Kopf ist viel zu voll mit allen möglichen Gedanken. Dann musst du nicht verzweifelt das Handtuch werfen, sondern du schnappst dir kurz einen Stift, ein Blatt Papier und stellst einen Timer auf maximal zwei Minuten. In diesen zwei Minuten schreibst du einfach alles auf, was dir gerade durch den Kopf geht. Du musst nicht auf eine schöne Schrift oder Rechtschreibung und Grammatik achten. Hauptsache du schreibst in zwei Minuten so viel wie möglich auf. Diese kleine Übung sorgt dafür, dass du all deine Gedanken, ohne unnötig darüber nachzudenken, innerhalb kürzester Zeit aus deinem Kopf auf das Blatt Papier bekommst. Damit ist dein Kopf frei und nichts von dem, was dir vorher durch den Kopf gegangen ist, geht verloren. Du hast es nur zwischengespeichert auf dem Blatt Papier, genauso wie Dumbledore seine Gedanken im Denkarium abspeichert. Im Anschluss kannst du dich ganz unbesorgt auf deine wichtigste Aufgabe fokussieren. Auf die Gedanken auf deinem Blatt Papier kannst du im weiteren Verlauf jederzeit wieder zurückgreifen und sie gegebenenfalls später bearbeiten. Die kurze „Zauberstab“-Übung sorgt also schnell für Klarheit, ohne dass dabei wertvolle Ideen oder wichtige Gedanken verloren gehen.

Um maximal fokussiert und konzentriert sein zu können, ist noch ein weiterer Punkt ganz wichtig, über den wir bereits gesprochen haben:

Control the Controllable.

Auch wenn wir es uns vielleicht wünschen, wir können nicht alles kontrollieren. Das gilt auch für einige unserer potenziellen Ablenkungen. Es gibt immer wieder Situationen, da kannst du einfach nicht alle Ablenkungen eliminieren. So sehr du es auch versuchst. Bestes Beispiel ist die Arbeit im Homeoffice. Grundsätzlich sollte man meinen, dass du in deinen eigenen vier Wänden mehr Kontrolle hast und dich besser konzentrieren kannst. Im Grunde genommen stimmt das auch, doch die Erfahrung der letzten Jahre hat auch gezeigt, dass es gerade in den eigenen vier Wänden auch immer wieder unkontrollierbare Ablenkungen gibt. Selbst wenn du allein wohnst und deinen Arbeitsplatz perfekt eingerichtet hast, um maximal fokussiert arbeiten zu können, klingelt irgendwann im Tagesverlauf, vielleicht auch mehrmals, der Paketbote und reißt dich aus deiner Konzentrationsphase. Dir fallen selbst sicher noch genügend ähnliche Beispiele ein und auch im Büroumfeld kannst du dich selten komplett von allen Ablenkungen abschotten. Ich erinnere mich noch ganz gut an meine Zeit in einem Berliner Start-up vor meiner Zeit als Mentaltrainer. Anfangs war das Team noch recht klein und wir saßen mit knapp 15 Leuten in einem großen Raum. Zeitweise war das durchaus inspirierend, weil alle wirklich fokussiert gearbeitet haben und man die Fortschritte förmlich spüren konnte, doch es gab auch immer wieder Zeiten, da war dieses Umfeld unglaublich ablenkend. Bei 15 Menschen hat eben auch jeder immer etwas anderes zu tun und andere Präferenzen. Somit herrscht natürlich auch viel Bewegung im Raum und du bekommst automatisch alles mit, ob du willst oder nicht. Ein paar Personen stehen auf und gehen zu einem Meeting, andere kommen von einem Meeting zurück. Die nächste Person holt sich einen Kaffee. Wieder andere besprechen kurz neue Designvorschläge. Wenn du in dem Moment fokussiert arbeiten willst und deinen Flow finden willst, kann das schnell relativ frustrierend werden, doch letztendlich sind das alles Ablenkungen, die du nicht kontrollieren kannst. Was kannst du also in solchen Situationen tun? Ganz einfach:

Dich auf das konzentrieren, was du kontrollieren kannst. In dem Fall ist es vor allem deine Reaktion auf alles, was um dich herum passiert. Diese Reaktion zu kontrollieren, ist in allen Lebensbereichen extrem wertvoll, natürlich auch im Sport. Athleten, die nicht mit unkontrollierbaren Einflüssen bei Wettkämpfen umgehen können, werden immer wieder unter ihren Möglichkeiten bleiben, weil sie im Chaos der äußeren Einflüsse verloren gehen. Die Kunst besteht darin, die Ablenkungen wahrzunehmen, aber dennoch nicht deinen Fokus zu verlieren. Eine Fähigkeit, die du unglaublich gut trainieren kannst, denn das ist oft der Kern vieler Achtsamkeits- und Meditationsübungen. Du entscheidest dich beim Meditieren immer für einen Fokus, beispielsweise deine Atmung. Während du dich jedoch minutenlang auf deine Atmung konzentrierst, gibt es immer wieder Ablenkungen. Meistens in Form von Gedanken. Das primäre Ziel der Meditation ist es nicht, dass du in einem Zustand der kompletten Gedankenlosigkeit bist. Es geht vielmehr darum, die Ablenkungen in Form deiner Gedanken wahrzunehmen und deinen Fokus dann wieder zu dem zurückzubringen, worauf du dich ursprünglich konzentrieren wolltest, in dem Fall deine Atmung. Das ist der tatsächliche mentale Trainingseffekt der Meditation oder anderer Achtsamkeitsübungen. Du lernst, aufkommende Ablenkungen wahrzunehmen, ohne deinen Fokus zu verlieren. So verlieren die Ablenkungen ihre störende Kraft und du behältst die Kontrolle. Natürlich entwickelst du diese Fähigkeit nicht von heute auf morgen, dafür braucht es etwas Training, doch dieses Buch sollte für dich auch nicht der Abschluss, sondern der Anfang deines mentalen Trainings sein. Mit dieser neuen Herangehensweise an deine fokussierten Arbeitsphasen wirst du langfristig einen gewaltigen Unterschied machen. Du behältst dein Ziel im Auge, lernst, Ablenkungen auszublenden, und kannst selbst mit unveränderlichen Störfaktoren entspannt umgehen. „Control the Controllable" bietet dir jedoch noch einen anderen, wertvollen Vorteil. Mehr emotionale Stabilität. Es kann unglaublich frustrierend sein, wenn du dich wirklich konzentrieren willst, doch dann immer wieder externe Ablenkungen dafür sorgen, dass deine Konzentration verloren geht. Im schlimmsten Fall wirfst du nach ein paar Anläufen das Handtuch und gibst auf. Zurück bleibt dann eine emotionale Mischung aus Frustration, Enttäuschung und Wut. Vorausgesetzt du hast vorher die beste Grundlage für eine fokussierte Arbeitsphase gelegt, dann entsteht diese emotionale Reaktion vor allem durch unkontrollierbare Faktoren. Ablenkungen, die du nicht verändern kannst. Wenn du versuchst, diese Einflüsse unter Kontrolle zu bringen, verlierst du nicht nur auf mentaler, sondern auch auf emotionaler Ebene. Statt ruhig und gelassen zu bleiben, nehmen deine negativen Emotionen überhand. Konzentrierst du dich allerdings darauf, wie du auf diese Einflüsse reagieren willst, dann behältst du die mentale und emotionale Kontrolle und kannst trotz der Umstände weiter fokussiert deiner Arbeit nachgehen.

9.3.
GELASSENHEIT

„Grant me the serenity to accept the things I cannot change, the courage to change the things I can, and the wisdom to know the difference."

- Reinhold Niebuhr

Die besten Athleten der Welt und auch die erfolgreichsten Unternehmer sind diejenigen, die in den schwierigsten Situationen ruhig und gelassen bleiben können. Wenn alles nach Plan läuft, ist es einfach, deinen besten Zustand aufrechtzuerhalten. In Zeiten von großen Herausforderungen oder Krisen zeigt sich erst, wie mental und emotional stabil du wirklich bist. Und wir alle wissen, dass es diese Phasen immer wieder geben wird. Egal wie gut du planst, egal wie gut du dich vorbereitet hast, hin und wieder werden deine Pläne scheitern und selbst die beste Vorbereitung stellt dich dennoch vor Herausforderungen. Unvorhersehbare Ereignisse werden deinen ganzen Plan, deinen potenziellen Erfolg und auch deine innere Ausgeglichenheit ins Wanken bringen. Im Sport sind das vielleicht Verletzungen oder Krankheiten unmittelbar vor einem Wettkampf. Es ist vielleicht die Absage eines Wettkampfes, veränderte Wetterbedingungen oder einfach eine spontane Änderung des kompletten Zeitplans. Im Berufsleben sind es wirtschaftliche oder politische Veränderungen, an die du und dein Unternehmen sich anpassen müssen. Es ist der Ausfall eines wichtigen Dienstleisters. Es sind extreme Einschränkungen, wie wir sie 2020 und 2021 erlebt haben. Oft sind es auch nur Kleinigkeiten, die sich von heute auf morgen verändern und deine bisherige Strategie zunichtemachen. Auf manches kannst du dich vorbereiten, doch vieles trifft dich immer wieder völlig unvorbereitet.

Von einer Sekunde auf die nächste ist dein bisheriger Plan wertlos und du musst dich anpassen. Ohne die nötige Ruhe und Gelassenheit verlierst du in solchen Situationen sprichwörtlich die Nerven. Du lässt dich von deinen Emotionen übermannen und kämpfst verzweifelt gegen die bevorstehende Veränderung an. Dafür braucht es nicht einmal große Veränderungen. Meistens sind es schon kleine, gescheiterte Pläne, die dich aus der Ruhe bringen. Die Straße, die du immer zur Arbeit nimmst, ist plötzlich gesperrt und du musst einen Umweg nehmen, der dafür sorgt, dass du zu spät kommst. Oder deine Bahn, die dich normalerweise pünktlich ins Büro bringt, fällt heute leider aus. Vielleicht reicht sogar ein noch kleinerer Impuls. Du willst dir nur schnell einen Kaffee am Automaten holen und ausgerechnet jetzt ist das Wasser alle und der Auffangbehälter für den Kaffeesatz muss geleert werden. Ein Zustand, der mich früher immer unglaublich genervt hat, auch wenn es eigentlich gar nicht der Rede wert war. Daran siehst du, schon kleine Planänderungen sorgen bei manchen Menschen für den Verlust ihrer Gelassenheit. Was kannst du jetzt also tun, um zukünftig der Fels in der Brandung zu sein und auch in den schwierigsten Momenten die Ruhe zu bewahren?

Vier Tipps werden für dich einen ganz entscheidenden Unterschied machen.

- Veränderungen akzeptieren.
- Präsent sein im jetzigen Moment.
- Deine Atmung kontrollieren.
- Die passende Reaktion wählen.

Erinnerst du dich noch an die Analogie zum Fluss des Lebens, über die wir ganz am Anfang gesprochen haben? Für deine tägliche Gelassenheit ist es essenziell wichtig, dass du aufhörst, Staumauern zu bauen.

Der Fluss des Lebens fließt immer weiter und er bringt permanent Veränderungen mit sich. Das Leben ist Veränderung. Wenn du dagegen kämpfst, erzeugst du nichts weiter als Widerstand und Spannungen in dir. Genau das macht es dir dann so schwer, in diesen Momenten gelassen zu bleiben. Du akzeptierst die Veränderung nicht und willst, dass alles unbedingt so bleibt, wie es bisher auch war. Einer meiner Mentoren hat früher immer wieder zu mir gesagt: „Unternehmen, die nicht mit der Zeit gehen, gehen mit der Zeit." Sie verlieren ihre Marktanteile und verschwinden irgendwann. Warum?
Weil sie die Veränderungen nicht akzeptiert haben, und dachten, dass alles so bleibt, wie es einmal war. Ähnliches gilt auch auf persönlicher Ebene für dich. Wenn du nicht in der Lage bist, die Veränderungen um dich herum zu akzeptieren, dann hast du keine Chance, dich anzupassen. Dementsprechend wirst du weiter in Frustration und Wut leben und dich darüber beschweren, dass diese ganzen Veränderungen daran schuld sind, dass du so gestresst bist. Willkommen zurück im Opfermodus, in dem jeder und alles, außer dir natürlich, daran schuld ist, dass du nicht die gewünschten Ergebnisse bekommst.

Sorry, wenn ich dich enttäuschen muss, doch mit dieser Einstellung kannst du nicht gewinnen. Weder im Sport, im Business, noch sonst irgendwo. Auch erstrebenswerte Zustände wie echtes Glück sind im Opfermodus für dich unerreichbar. Wenn du also andere Ergebnisse erzielen willst, dann darfst du beginnen, anders zu denken und dich anders zu verhalten. Die Welt wird nicht aufhören, sich zu verändern. Ganz im Gegenteil, neue Technologien und die globale Vernetzung sorgen dafür, dass sich alles viel schneller ändert als jemals zuvor. Gefällt dir das immer? Vielleicht nicht unbedingt. Kannst du etwas daran ändern? Nein. Also ist es deine Aufgabe, diese Veränderungen zu akzeptieren und dich darauf zu konzentrieren, wie du darauf reagieren möchtest.

Vor Spiel fünf in der Finalserie der NBA 1997 erlitt Michael Jordan eine Lebensmittelvergiftung. Angeblich wurde die Pizza, die ihm nachts aufs Hotelzimmer geliefert wurde, gezielt von Fans der gegnerischen Mannschaft präpariert, um MJ außer Gefecht zu setzen. Bereits einige Stunden nach dem Verzehr der Pizza hatte Michael Jordan Bauchkrämpfe, Schweißausbrüche, Fieber und war völlig dehydriert. Von jetzt auf gleich hatten sich die Voraussetzungen für ihn geändert. Es wäre leicht gewesen, in dem Moment frustriert das Handtuch zu werfen und für das kommende Finalspiel abzusagen. Nicht so aber für Michael Jordan. Er hat in dem Moment die Ruhe bewahrt, alles dafür getan, um möglichst fit zu sein, und am Ende einige Stunden später trotz seines miserablen körperlichen Zustandes eine außergewöhnliche Leistung abgeliefert und die Chicago Bulls zum Sieg geführt.

Erkennst du das Muster dahinter?

Veränderung akzeptieren. Dich auf das Hier und Jetzt konzentrieren. Die passende Reaktion wählen und somit das Beste aus den Gegebenheiten machen. Mehr brauchst du nicht, um die Ruhe zu bewahren. Doch ohne diese Schritte wird es eben immer wieder schwer. Wenn du also den ersten Schritt gemacht hast und die unerwartete Veränderung akzeptieren kannst, weil du erkennst, dass du sie ohnehin nicht beeinflussen kannst, dann solltest du als Nächstes für deine Präsenz im Hier und Jetzt sorgen. Wenn wir solchen ungeplanten Änderungen gegenüberstehen, dann verlieren wir uns oft recht schnell in Gedanken an Vergangenheit und Zukunft. Vorher war schließlich alles gut, daran denkst du natürlich gerne zurück. Gleichzeitig gehst du gedanklich aber auch schon die potenziellen negativen Folgen für die Zukunft durch. Beides hilft dir nicht wirklich, um die neue Situation zu kontrollieren. Du sorgst damit nur dafür, dass du noch emotionaler, aufgewühlter und gestresster wirst. Deshalb darfst du zurückkommen ins Hier und Jetzt, denn nur hier hast du die Kontrolle. Nutze gerne einen der Achtsamkeitsimpulse aus dem vorherigen Kapitel oder, in dem Fall noch besser, achte direkt auf eine ganz bewusste Atmung. In stressigen Situationen verfallen wir schnell in eine sehr flache und kurze Atmung, bei der vor allem die Einatmung viel zu intensiv ausfällt. Im Zustand solch einer Stressatmung hast du keine Chance auf Gelassenheit. Um das zu erreichen, musst du deine Atmung kontrollieren und zu einer entspannten Atmung übergehen, die dafür sorgt, dass du wieder etwas runterfahren kannst. Die grundsätzliche Intention dafür ist, länger auszuatmen, als du einatmest.

Nimm einen entspannten Atemzug durch die Nase und beim Ausatmen durch den Mund stellst du dir vor, dass du durch einen Strohhalm ausatmest.

Dadurch verlängerst du deine Ausatmung automatisch und spürst innerhalb weniger Atemzüge, wie dein Stresslevel sinkt. Alternativ kannst du auch weitere Atemtechniken wie zum Beispiel die 4-7-8-Atmung nutzen. Vier Sekunden einatmen. Sieben Sekunden lang die Luft anhalten. Acht Sekunden ausatmen. Diese Atemtechnik hat den Vorteil, dass du parallel deine Atmung mitzählen musst. Damit gibst du deinem Kopf eine zusätzliche Aufgabe und hilfst dir dabei, aus allen anderen Gedanken herauszukommen.

Kleine Randnotiz: Diese entspannenden Atemtechniken sind im Übrigen auch gute Lösungen, falls du abends mal nicht direkt einschlafen kannst.
Du bringst dich also zurück ins Hier und Jetzt und sorgst mit deiner Atmung dafür, dass sich dein Körper und dein Geist beruhigen können. Jetzt hast du die perfekte Grundlage geschaffen, um die für dich passende Reaktion auf die spontanen Veränderungen zu wählen.
Wenn wir noch einmal die zwei Beispiele von eben aufgreifen, dann würde das vielleicht bedeuten:

„Ok, ich muss jetzt den besten Alternativweg zur Arbeit finden und kurz auf der Arbeit Bescheid geben, dass ich zu spät komme."
„Alles klar. Ich will jetzt unbedingt einen Kaffee. Also, kurz Wasser nachfüllen, den Behälter leeren, fertig."
Es kann so einfach sein. Bei kleinen, aber auch bei großen Veränderungen. Wenn diese Situationen auftreten, dann kannst du daran erst einmal nichts verändern, aber du kannst deine Reaktion darauf individuell anpassen. Genau diese Reaktion bestimmt, ob du frustriert und gestresst bist oder ruhig und gelassen bleiben kannst.

9.4.
SELBSTVERTRAUEN

„Practice creates confidence. Confidence empowers you."

- Simone Biles

Immer wieder spreche ich mit Menschen, die für sich entschieden haben, dass sie einfach kein Selbstvertrauen haben.

„Ich hatte noch nie viel Selbstvertrauen."

Solche oder ähnliche Sätze (und vielleicht hast du deine eigenen) sind einfach nur eine Aussage darüber, dass du glaubst, dass manche Menschen mit Selbstvertrauen gesegnet sind und andere eben nicht. Doch dieser Glaubenssatz limitiert dich nur. Selbstvertrauen ist nichts, was du einfach in die Wiege gelegt bekommst. Das gilt für uns alle. In den Anfangsjahren deines Lebens haben deine Eltern einen großen Einfluss auf dein Selbstvertrauen. Das ist die Basis. Später liegt es an dir, dein Selbstvertrauen bewusst zu stärken. Doch selbst wenn dir die Basis aus deiner Kindheit fehlt, dann ist das keine valide Ausrede dafür, dass du den Rest deines Lebens kein Selbstvertrauen hast. Auch wenn du schwerwiegende Fehler gemacht hast und dadurch dein Selbstvertrauen in den Keller gerutscht ist, ist das nur eine Momentaufnahme, nicht der Standard für den Rest deines Lebens. Du kannst das nötige Vertrauen in dich und deine Fähigkeiten jederzeit entwickeln. Solange du jedoch weiterhin daran glaubst, dass deine Vergangenheit deine Zukunft definiert, wird Selbstvertrauen für dich ein Fremdwort bleiben. Wenn du allerdings bereit bist, dich zu verändern, dann kannst du allein mit einer anderen Sichtweise und ein paar kleinen Übungen einen großen Unterschied machen.

Beginnen wir mit der Perspektive auf dich und deine Vergangenheit. Dein Leben hat unglaublich viele Facetten und in einigen Bereichen hat dir bisher das Selbstvertrauen gefehlt, in anderen jedoch nicht.

Vielleicht denkst du gerade: „Nein, ich hatte wirklich noch nie viel Selbstvertrauen."

Echt? Dir fällt keine einzige Situation ein, in der du Selbstvertrauen hattest?

Warum hast du dann dieses Buch gewählt? Weil du Zweifel hattest, dass du es lesen und verstehen kannst?

Nein, weil du Vertrauen in dich und deine Fähigkeiten hattest.

Verstehst du, was ich meine?

Dein Leben ist voll mit kleinen und sicher auch großen Momenten des Selbstvertrauens. Du musst sie nur sehen. Oder besser gesagt, sehen wollen.

Du darfst also zuerst deine Vergangenheit anders betrachten. Konzentriere dich auf die Situationen, in denen du genügend Selbstvertrauen hattest. Achte auf alle kleinen und großen Erfolge, die du bisher gefeiert hast. Erinnere dich an alle Herausforderungen, die du gemeistert hast. Das ist die Perspektive, die dir Selbstvertrauen gibt. Wenn du deine Vergangenheit bisher immer durch die Brille der Negativität betrachtet hast und dir dadurch das Selbstvertrauen verloren gegangen ist, dann darfst du die Brille wechseln und die blinden Flecke erkennen, die du bisher übersehen hast. Nutze die Gelegenheit und halte diese positiven Erinnerungen für dich am besten schriftlich fest, damit du immer wieder darauf zurückgreifen kannst.

Ein weiterer wichtiger Faktor für dein Selbstvertrauen sind deine aktuellen Stärken. Bei Tätigkeiten, in denen du richtig gut bist, hast du automatisch mehr Selbstvertrauen in dich. Auch hier hängt allerdings wieder viel davon ab, ob du diese Stärken siehst und annimmst. Nach der Liste mit deinen Erfolgen aus der Vergangenheit darfst du also gerne deine Stärken auflisten. Da viele Menschen sich meistens schwer damit tun, ihre eigenen Stärken aufzulisten, kannst du gerne dein Umfeld hinzuziehen und sie nach deinen Stärken befragen. Im Übrigen lässt sich auch hier direkt ein großer Unterschied zwischen Menschen mit viel oder wenig Selbstvertrauen finden. Diejenigen, denen es an Selbstvertrauen mangelt, werden ihre eigenen Stärken immer kleinreden oder sogar abstreiten. Menschen mit viel Selbstvertrauen nehmen ihre Stärken an und sind sich derer bewusst. Sie nutzen sie sogar aktiv, um ihr Selbstvertrauen noch weiter zu steigern. Selbes gilt auch für deine vergangenen Erfolge und gemeisterten Herausforderungen. Wenn du all das herunterspielst, dann wirfst du damit auch das Selbstvertrauen weg, das du daraus ziehen könntest. Deine ganz persönlichen Erfolge anzunehmen, bedeutet nicht, damit zu prahlen. Keiner verlangt von dir, dass du anschließend einen Post erstellen und ihn auf all deinen Social-Media-Kanälen teilen sollst. Du musst auch nicht plötzlich bei jedem Gespräch davon erzählen. Du darfst diese Momente voller Selbstvertrauen einfach nur als Teil deiner Entwicklung annehmen und wertschätzen.

Wenn wir schon einmal bei Erfolgen sind, dann lass uns gleich mit der vielleicht wertvollsten Gewohnheit für dein Selbstvertrauen weitermachen. Egal ob im Sport oder im Business, für ambitionierte Menschen zählen oft nur die ganz großen Erfolge. Jahresziele, die du erreicht hast. Weltmeisterschafts- oder Olympiamedaillen. Doch wie oft feierst du solche Erfolge? Ein- oder zweimal im Jahr? Vielleicht sogar nur alle zwei, drei oder vier Jahre. Davon ausgehend, dass Erfolgserlebnisse einer der wichtigsten Faktoren für dein Selbstvertrauen sind, würde das bedeuten, dass du innerhalb eines Jahres nicht einmal eine Handvoll mit diesen wertvollen Ereignissen hast. Verglichen mit den 365 Tagen eines Jahres erscheint diese Zahl fast vernichtend gering. Kein Wunder also, dass dir das nötige Selbstvertrauen fehlt, wenn du dich selbst nur an den großen, wirklich lebensverändernden Erfolgen misst. Was ist jedoch mit den kleinen täglichen Erfolgen?

„Welche kleinen Erfolge?", fragst du dich vielleicht gerade. Genau die, die du bisher nicht wahrnimmst. Jeder meiner Kunden, egal ob im Sport oder Business, führt ein Erfolgstagebuch. Alles, was du darin aufschreibst, sind deine drei bis fünf Erfolge des Tages, denn genau darin liegt dein Selbstvertrauen versteckt. Jedes Mal, wenn du dir Zeit nimmst und deine täglichen Erfolge aufschreibst, gibt es dir ein klein wenig mehr Selbstvertrauen. Im Vergleich zu den großen Erfolgen, aus denen du, wenn überhaupt, nur wenige Male im Jahr Selbstvertrauen schöpfen kannst, hast du jetzt plötzlich eine unerschöpfliche Quelle, die tagtäglich fließt. Wichtig dabei ist immer wieder: Es sind deine Erfolge. Wenn du es als Erfolg wahrnimmst, dann zählt es. Dementsprechend können diese kleinen Erfolge ganz individuelle Handlungen und Fortschritte sein. Es geht nicht darum, dass du anderen dein Erfolgstagebuch zeigen kannst und sie darüber urteilen. Dein Leben, deine Erfolge.

Du kannst also Selbstvertrauen aus deiner Vergangenheit ziehen. Du kannst dein Selbstvertrauen tagtäglich aufladen und du kannst es sogar noch weiter steigern, indem du dir die richtigen Fragen stellst.

Auch hier kannst du wieder gezielt mit den Affirmationsfragen arbeiten. Nehmen wir einmal an, du stehst vor einer schwierigen Aufgabe und aktuell gibt es in dir mehr Selbstzweifel als Selbstvertrauen. Die Ursache dafür ist meistens, dass du dir mehr Gedanken darüber machst, warum du scheitern könntest oder nicht gut genug dafür bist. In diesem

Momenten bist du wieder der Sklave deines Kopfes, nicht der CEO. Mit den richtigen Fragen kannst du diesen Zustand schnell verändern.

Was spricht dafür, dass du für diese Aufgabe richtig gut vorbereitet bist? Warum wirst du diese Aufgabe erfolgreich abschließen können?

Das sind allein zwei Fragen, die dir eine andere Perspektive und damit auch andere Gedanken geben. Jede Antwort auf diese beiden Fragen wird dein Selbstvertrauen steigern und dir helfen, die bevorstehende Aufgabe zu meistern.

Du kannst Selbstvertrauen mit den Früchten an einem Baum vergleichen. Der Baum wächst aus deinem Selbstbewusstsein heraus, dem Bewusstsein über deine vergangenen Erfolge, deine gemeisterten Herausforderungen und deine aktuellen Stärken. Deine kleinen, täglichen Erfolge liefern das Wasser, die Sonnenstrahlen und die nötigen Nährstoffe, damit der Baum weiterwachsen und Früchte des Selbstvertrauens tragen kann. Die Affirmationsfragen sind der Dünger, den du gelegentlich einsetzen kannst, wenn es nötig ist. In Kombination entsteht daraus ein starker, großer Baum, der ganzjährig Früchte trägt und auch widrigen Wetterverhältnissen trotzen kann. Somit wird dein Selbstvertrauen zu einem Faktor, den du kontrollieren kannst, völlig unabhängig von deiner Umwelt und deiner Vergangenheit. Dabei gibt es noch einen weiteren, kraftvollen Faktor, den du beeinflussen kannst und der dein Selbstvertrauen innerhalb weniger Sekunden steigen oder fallen lässt. Die Rede ist von deiner Körperhaltung. Manchmal sind wir so in unseren Gedanken verloren, dass allein die mentalen Ansätze nicht genug sind, um deinen Gesamtzustand zu verändern. In diesen Situationen musst du jedoch nicht kapitulieren, sondern du kannst deinen Körper zu Hilfe nehmen. Hast du schon mal auf deine Körperhaltung geachtet, wenn du komplett in Selbstzweifeln und negativen

Gedanken verloren bist? Wahrscheinlich stehst oder läufst du dann ziemlich gebückt. Eingefallene Schultern, Kopf nach unten. Allein deine Körperhaltung verrät schon, dass du gerade kein Selbstvertrauen hast. Ganz anders in Momenten des Vertrauens in dich. Du stehst und gehst aufrecht. Deine Schultern verlagern sich nach hinten, dein Brustkorb öffnet sich und du läufst sprichwörtlich mit erhobenem Haupt. Das Gute dabei ist, dass du nicht erst Selbstvertrauen brauchst, um diese Körperhaltung einzunehmen. Ganz im Gegenteil. Deine angepasste Körperhaltung sorgt dafür, dass du dich anschließend besser fühlst und dein wahrgenommenes Selbstvertrauen steigt. Erst die Körperhaltung, dann der mentale Zustand. Solange deine Körperhaltung ein Ausdruck deiner Selbstzweifel ist, wird es dir unglaublich schwerfallen, diese Zweifel auch mental loslassen zu können. Ich sage meinen Athleten immer: „Auch wenn du gerade zweifelst, dann lass deinen Körper diese Zweifel nicht nach außen tragen." Über eine schwache Körperhaltung signalisierst du dir selbst und deinem Umfeld, dass dir gerade das Selbstvertrauen fehlt. Heißt im Umkehrschluss, wenn du dich in Selbstzweifeln oder anderen nicht hilfreichen mentalen Zuständen verlierst, dann überprüfe zunächst einmal deine Körperhaltung. Aus einer aufrechten körperlichen Haltung heraus kannst du viel leichter dein Selbstvertrauen wiederfinden.

9.5.
OPTIMISMUS

„The most successful entrepreneurs I know are optimistic. It's part of the job description."

- Caterina Fake

Bevor wir weiter in das Thema Optimismus einsteigen, lass mich dir kurz eins sagen:

Optimismus bedeutet nicht, dass du die Welt permanent durch eine rosarote Brille betrachtest. Laut dem Duden ist Optimismus eine „lebensbejahende Grundhaltung", bei der du alles von der besten Seite aus betrachtest. Die beste Seite ist in dem Fall die für dich hilfreichste Perspektive. Heißt also, du bringst dich in eine positive Grundstimmung und schaust auf die vor dir liegenden Aufgaben mit Zuversicht. Diese Mischung aus Positivität und Zuversicht wird dir in allen Lebenslagen einen Vorteil verschaffen. Oder fällt dir ein erstrebenswerter Zustand deines Lebens ein, bei dem es wichtig ist, dass du schlecht drauf bist? Mir nicht. Also lass uns schauen, wie es dir gelingt, mehr Optimismus aufzubauen. Wie bei allen anderen Qualitäten, über die wir bisher gesprochen haben, ist es auch im Fall von Optimismus das Ziel, diese Qualität zunächst zeitweise abrufbar zu machen und dann als neuen Standard für dich zu integrieren.

Eine Option, um optimistischer in die unmittelbare Zukunft zu schauen, haben wir bereits an vielen Stellen besprochen. Die Affirmationsfragen. Wenn du dir die richtigen Fragen stellst, bekommst du die richtigen Antworten, die dir dabei helfen, optimistischer zu sein.

Während du vielleicht gerade noch daran zweifelst, ob du die nächste Aufgabe wirklich gut abschließen kannst, gibt dir die passende Frage eine neue und vor allem hilfreiche Perspektive.

„Was spricht dafür, dass du für diese Aufgabe richtig gut vorbereitet bist?"

„Warum wirst du mit deiner Arbeit ein richtig gutes Ergebnis erzielen?"

Beantworte dir allein nur diese zwei Fragen und du wirst direkt optimistischer sein, was die kommende Aufgabe angeht. Vertrauen in dich und deine Fähigkeiten bringt automatisch auch Optimismus mit sich. Die Affirmationsfragen sind kein Allheilmittel, doch wie du vielleicht schon festgestellt hast, können sie dir in sehr vielen Situationen helfen. So auch im Fall des Optimismus.

Was kannst du noch tun?

Tipp Nummer zwei ist einer meiner persönlichen Favoriten, weil er von vielen Menschen komplett unterschätzt wird und doch so wirkungsvoll ist. Wovon ich spreche, ist Dankbarkeit. Dir Zeit zu nehmen, um dankbar zu sein, ist einer der einfachsten Tipps, um direkt in einen positiven und optimistischen Zustand zu wechseln. Der Grund dafür liegt auf der Hand. Dankbarkeit löscht alle anderen negativen Gefühlszustände einfach aus. Du kannst nicht gleichzeitig dankbar und schlecht gelaunt sein. Das funktioniert einfach nicht parallel. Selbst wenn du heute einen richtig schlechten Tag hast, wird sich deine Laune durch eine kurze Dankbarkeitsroutine unmittelbar verbessern. Innerlich passiert einfach nur Folgendes: Dein Bewusstsein für das, was du schon hast, wird größer, und deine Sorgen und Zweifel wegen der Dinge, die dir angeblich noch fehlen, werden kleiner. Dankbarkeit ist inzwischen ein fester Bestandteil meines Lebens und meiner Arbeit geworden. Dabei spreche ich auch hier wieder nicht von ausufernden und zeitfressenden Routinen, die du irgendwie in deinem Tag unterbringen musst, sondern von kleinen Momenten der Dankbarkeit.

Was ist jetzt gerade eine Sache, für die du dankbar sein kannst?

Eine einzige. Nicht mehr, nicht weniger. Konzentriere dich nur auf eine einzige Sache, eine Situation, eine Person – und lass das mal wirken. Diese Übung benötigt nicht mehr als 60 Sekunden, tendenziell weniger und doch verändert sich direkt deine mentale Perspektive und mit ihr deine Emotionen. Wann immer du das Gefühl hast, dass dir die nötige Positivität und dein Optimismus abhandengekommen sind, können ein paar Sekunden der Dankbarkeit dein Weg zurück sein. Aus eigener Erfahrung kann ich sagen, wenn du einmal damit begonnen hast, wirklich regelmäßig dankbar zu sein, willst du nicht mehr damit aufhören. Es fühlt sich einfach so viel besser an. Ich habe daraus für mich sogar eine Einschlafroutine entwickelt. Jeden Abend, wenn ich mein Buch beiseitelege, um zu schlafen, schließe ich die Augen und zähle so lange alles auf, wofür ich gerade dankbar bin, bis ich einschlafe. Ich komme dabei selten weiter als bis zu Punkt sechs oder sieben, aber das ist ok. Mir geht es nicht um die Anzahl, sondern einfach nur darum, in einem Zustand der Dankbarkeit einzuschlafen.

Bleibt noch ein letzter Tipp, den ich an der Stelle mit dir teilen möchte. Grundsätzlich gibt es natürlich noch viel mehr Tipps. Auch hier ist wieder dein Selbstbewusstsein gefragt.

Was hilft dir persönlich dabei, dich gut zu fühlen?
Welche Tätigkeiten sorgen innerhalb kürzester Zeit dafür, dass du gut gelaunt bist?

Alles, was für dich jetzt schon gut funktioniert, kannst du natürlich auch im Alltag zielgerichtet einsetzen. Viele Gewohnheiten lassen sich so weit herunterbrechen, dass du sie innerhalb kürzester Zeit als Microhabit einsetzen kannst. So musst du das gute Gefühl nicht auf den Feierabend oder das Wochenende verschieben, sondern kannst jederzeit dahin zurückfinden.

Ich weiß, ich habe eben schon vom „letzten Tipp" für mehr Optimismus und ein gutes Gefühl gesprochen, doch ohne den folgenden Hinweis wäre die Liste einfach unvollständig. Unabhängig von deinen persönlichen Vorlieben gibt es einen Trigger für Positivität und Optimismus, der uns allen bestens bekannt ist, den aber nur die wenigsten wirklich aktiv nutzen. Musik. Nicht nur irgendeine Musik, sondern deine Lieblingsmusik. Denk mal darüber nach, wie du dich fühlst, wenn du dein Lieblingslied hörst. Du kannst gar nicht anders, als mit dem Beat der Musik mitzugehen. Du willst am liebsten aufstehen und tanzen. Du willst mitsingen. Deine persönliche Gute-Laune-Musik holt dich auch aus dem größten Tagestief heraus und das innerhalb weniger Sekunden. Anstatt dieses Phänomen immer nur zufällig zu bemerken, kannst du die Power deiner Lieblingsmusik natürlich auch aktiv im Alltag nutzen. Du brauchst gerade eine Portion gute Laune und Energie? Dann nimm dir zwei Minuten, schnapp dir ein paar Kopfhörer und lass dein aktuelles Lieblingslied laufen. Die Magie der Musik übernimmt den Rest und im Anschluss wirst du dich viel besser fühlen. Viele Athleten und natürlich auch Hobbysportler nutzen die passende Musik tagtäglich für sich, um auch die schwierigsten Workouts zu meistern. Musik öffnet das Tor zu deinen Emotionen und je nach Musik und persönlichem Geschmack kannst du mit dem richtigen Song genau das bekommen, was dir aktuell fehlt.

Auch hier sei noch einmal erwähnt, dass es nicht um Perfektionismus geht. Du musst nicht dem Ziel hinterherlaufen, 24 Stunden lang, 365 Tage im Jahr optimistisch und positiv zu sein. An diesem Anspruch kannst du nur scheitern. Viel wichtiger ist wieder, in welcher Stimmung du den Großteil deiner Zeit verbringst. Erinnere dich:

„You become what you think about most of the time."

Das gilt auch für deine Emotionen und sorgt als Leitsatz dafür, dass du ein erreichbares Ziel hast, welches einen enorm positiven Einfluss auf dein Leben haben wird.

9.6.
ZIELSTREBIGKEIT

„I always try to start out with some type of goal. Then I work backward and think of what I need to do to get there and give myself smaller goals that are more immediate."

- Kristi Yamaguchi

All die besprochenen Qualitäten sind für sich genommen schon extrem wertvoll und eine Bereicherung für dein Leben. Die wirkliche Magie geschieht jedoch dann, wenn du diese Qualitäten auch zielgerichtet einsetzen kannst, und zwar für das, was dir persönlich wirklich wichtig ist. Dafür sind vier Schritte nötig.

- Du musst wissen, wer du sein willst.
- Du musst wissen, was du erreichen willst.
- Dir muss klar sein, warum du das willst.
- Und du musst deine Ziele im Auge behalten.

Ziele sind nicht dazu da, um sie einmal festzulegen und dann nie wieder anzuschauen. Dein Ziel darf dein permanenter Nordstern sein, an dem du dich orientierst. Das gilt sowohl für deinen Wunschzustand (Wer willst du sein?) als auch für das konkrete Ziel deiner täglichen Arbeit. In meiner Arbeit mit ambitionierten Menschen geht es immer auch darum, außergewöhnliche Ziele zu erreichen. Für diese Ziele brauchst du ein besonderes Mindset und du benötigst ein besonderes Maß an Planung. Wenn du den Mt. Everest besteigen willst, dann kannst du nicht einfach deine Siebensachen packen und loslaufen. Du musst dich teilweise Jahre auf diese Expedition vorbereiten und einem klar strukturierten Plan folgen. Tust du das nicht, dann versagt entweder deine Ausrüstung oder du selbst. Um das zu vermeiden, muss alles auf dein Ziel ausgerichtet sein und du darfst die nötige Zielstrebigkeit entwickeln. Nur so gelingt es dir, all deine Gedanken und Handlungen auf das Erreichen dieses Ziels auszurichten. Das lässt sich sowohl auf deine großen Ziele als auch auf die kleinen täglichen Zwischenziele übertragen. Betrachten wir das Big Picture, dann ist es natürlich sinnvoll, immer wieder dein großes, übergeordnetes Ziel in den Fokus zu rücken. So hast du die Möglichkeit, immer wieder abzugleichen, ob du noch auf dem richtigen Weg bist, und du schöpfst wieder neue Motivation, weil du daran erinnert wirst, warum du das alles tust. Auf täglicher Basis kann der Vergleich mit deinem großen Ziel jedoch eher hinderlich statt förderlich sein. Du machst nicht jeden Tag so gewaltige Fortschritte, dass du deinem großen Ziel wirklich signifikant näherkommen wirst. Ganz im Gegenteil, oft hast du wahrscheinlich sogar den Eindruck, gar keinen Fortschritt gemacht zu haben. Geschieht das zu oft, dann rauscht deine Motivation in den Keller. Deshalb darfst du dich in regelmäßigen Abständen, zum Beispiel einmal wöchentlich, wieder an dein großes Ziel erinnern und auch daran, warum du dieses Ziel erreichen willst. In beiden Faktoren steckt unglaublich viel Energie, die du nutzen kannst. Abgesehen von dieser wöchentlichen Routine sollte dein täglicher Fokus allerdings vielmehr auf den Zielen des jeweiligen Tages liegen. Vielleicht sogar nur auf dem Ziel deiner nächsten Aufgabe.

In der Zusammenarbeit mit Spitzensportlern folgen wir genau diesem Ablauf. Zu Beginn der Vorbereitung auf eine Saison verbringen wir viel Zeit mit der übergeordneten Zielsetzung. Wir schauen uns die wichtigsten Wettkämpfe an und definieren die großen Ziele für die kommende Saison. Im weiteren Verlauf spielen diese Ziele jedoch erst einmal keine weitere Rolle. Sie dienen lediglich als jederzeit abrufbare Motivation, um konsequent dem eigenen Trainingsplan zu folgen. Gerade zum

Start der Saison sind die großen Ziele oft einfach zu weit weg und die Aufgabe des Athleten ist es zunächst, in körperlicher und mentaler Bestform den jeweiligen Wettkampftag zu erreichen. Das heißt, bis kurz vor der Möglichkeit, die großen Ziele zu erreichen, existieren diese nur als regelmäßige Reminder und Motivationsquelle. Im täglichen mentalen Training spielen sie eher eine untergeordnete Rolle. Erst wenige Wochen vor dem wichtigen Wettkampf widmen wir uns noch einmal dem großen Ziel und binden es in regelmäßige mentale Trainingsübungen ein. Jetzt ist der Moment gekommen, wo der Athlet seinen kompletten Fokus auf dieses Ziel und die damit verbundene Leistung ausrichten kann.

Diesem Beispiel kannst du nahezu 1:1 folgen. Definiere deine großen Ziele und nutze sie als regelmäßige Orientierung. Wie oft du dich mit diesem Ziel verbinden willst, liegt ganz bei dir. Wenn es darum geht, zu vergleichen, wie weit du noch von deinem großen Ziel entfernt bist, dann würde ich dir eher größere Abstände empfehlen. Willst du dir einfach nur so oft wie möglich bewusst machen, was dein großes Ziel ist und wofür du all die Zeit und Energie investierst, dann kannst du das auch in sehr kleinen Abständen machen. Ich hatte Anfang 2019 ein Podcast-Interview mit einer Boxerin, die zum Start ihrer vorherigen Saison den WM-Titel für sich als großes Ziel definiert hatte. Als sie dieses Ziel gesetzt hat, war die Weltmeisterschaft selbst noch fast neun Monate entfernt. Ihre Strategie war es dann, einfach jeden Morgen einmal in ihr Notizbuch zu schreiben, dass sie bei der WM im November Weltmeisterin wird. Was ist passiert? Sie hat sich diesen WM-Titel auch geholt. Für große Ziele musst du unglaublich viel investieren, andererseits geben sie dir auch extrem viel Energie. Wenn es wirklich deine großen Ziele sind, dann treiben sie dich an. Sie entzünden immer wieder das Feuer in dir. Diese Kraft täglich einzusetzen, ohne dabei auf den noch bestehenden Abstand zu deinem Ziel zu achten, kann extrem wertvoll sein. Das bezieht sich nicht nur auf deine externen Ziele, sondern auch auf deine internen Ziele. Auf die beste Version von dir, die du verkörpern willst. Wenn du genau weißt, wer du sein willst, wie du dich fühlen willst, und wie du dich verhalten willst, dann darfst du dich auch jeden Tag daran erinnern. Gerade am Anfang wird es dir natürlich noch nicht immer gelingen, diese Version automatisch zum Leben zu erwecken. Du wirst dich wahrscheinlich immer mal wieder in alten, unerwünschten Verhaltensmustern wiederfinden. Dieser Prozess ist völlig natürlich, da unser Gehirn Veränderungen nicht wirklich mag, selbst wenn die Veränderung sich langfristig positiv auswirken könnte. Veränderung bedeutet für unser Gehirn immer erst einmal Unsicherheit. Für ein System, das Sicherheit mehr als alles andere priorisiert, ist das jedes Mal aufs Neue eine Herausforderung. Geschieht die Veränderung jedoch in kleinen, kontrollierten Schritten, wird sich auch dein Gehirn mit dem neuen Denken und Verhalten anfreunden. Ein weiterer Grund, weshalb die kleinen Veränderungen der Microhabits so effektiv sind. Wenn du also erst einmal nur jeden Tag damit beginnst, dich daran zu erinnern, wer du sein willst, hast du die Möglichkeit, das auch direkt umzusetzen. Ich empfehle meinen Kunden immer, sich einen einfachen Reminder in der eigenen Wohnung oder am Arbeitsplatz einzurichten. Wie schon erwähnt, kann das so einfach sein wie beispielsweise ein Post-it, auf dem einfach nur steht: Wer will ich sein? Diese Erinnerung ist dann immer für dich verfügbar und hilft dir, auch im Tagesverlauf deinen aktuellen Zustand bzw. dein aktuelles Verhalten mit deinem Wunschzustand abzugleichen.

Die andere kleine Veränderung, die dir hilft, zielstrebiger zu sein, besteht darin, eine Aufgabe nicht ohne ein klares Ziel zu beginnen. Wir haben bereits über den Wert klarer Ziele für deinen Flow gesprochen und die Umsetzung dessen hat für jede deiner Handlungen Relevanz. Setze dich also nicht einfach an deinen Arbeitsplatz und fange an, zu arbeiten, ohne dass du genau weißt, was du jetzt tun willst. Nimm dir stattdessen kurz Zeit, um das Ziel der nächsten Minuten klar zu definieren. Somit vermeidest du unnötige Ablenkungen durch die parallele Arbeit an mehreren Aufgaben und du schaffst eine klare Definition deines gewünschten Endzustandes. Nichts ist frustrierender als eine Arbeit, bei der du kein Ende siehst oder gar nicht weißt, wann du wirklich fertig bist. Ich habe mit 14 Jahren während meiner Sommerferien mal in einer Gießerei im Nachbarort gearbeitet. Zeitweise war es meine Aufgabe, bei kleinsten Gussteilen in der Nachbearbeitung den übrig gebliebenen Grat zu entfernen. Jeden Morgen bekam ich eine Kiste mit Hunderten dieser kleinen Gussteile und ich wusste schon zu Arbeitsbeginn, dass diese Arbeit kein Ende nehmen wird. Selbst wenn ich eine Kiste fertig bearbeitet hatte, folgte Minuten später die nächste. Ich kam mir vor wie Sisyphos, der immer und immer wieder seinen Stein den Berg hoch rollt, nur um dann wieder von vorne zu beginnen. Genau diesen Zustand willst du unbedingt vermeiden. Für deine bevorstehende Aufgabe ein klares Ziel zu definieren, braucht nur wenige Sekunden, doch diese Sekunden können für dich und deinen Arbeitsflow Gold wert sein.

9.7. ZUSAMMENFASSUNG

Wichtigste Punkte:

- Jedes Mal, wenn du dir kurz die Zeit nimmst, um wieder achtsam zu sein, sendest du dir selbst das Signal, dass es für dich wichtig ist, präsent zu sein.

- Konzentriere dich immer wieder gezielt auf das, was jetzt für dich wirklich wichtig ist.

- Für deine tägliche Gelassenheit ist es essenziell wichtig, dass du im Fluss des Lebens bleibst. Wenn du gegen die Veränderungen des Lebens kämpfst, erzeugst du nichts weiter als Widerstand und Spannungen in dir.

- Selbstvertrauen ist keine gottgegebene Fähigkeit. Du kannst das nötige Vertrauen in dich und deine Fähigkeiten jederzeit entwickeln.

- Optimismus bedeutet nicht, dass du die Welt permanent durch eine rosarote Brille betrachtest, sondern die für dich hilfreichste Perspektive wählst.

- Lass jeder deiner Handlungen eine klare Intention vorausgehen, die im Einklang mit deinen Zielen ist.

10.0.

EIN TAG IM LEBEN EINES FLOW-HACKERS

„When you change, everything will change for you. When you get better, everything will get better for you.“

\- Jim Rohn

Lass uns kurz für einen Moment in die Zukunft reisen. Stell dir vor, dass du alle Tipps und Strategien aus dem Buch wirklich verinnerlicht hast und in deinem Alltag auch anwenden kannst. Wie würde dein Tag jetzt ablaufen?

Es beginnt schon mit den ersten Momenten deines Tages. Du stehst morgens gut erholt auf, weil du bereits am Abend zuvor darauf geachtet hast, dass du wirklich gut abschalten kannst. Vielleicht hast du deinen Tag mit ein paar Minuten Journaling und einer Meditation beendet. Mit demselben klaren Bewusstsein startest du auch in den Tag. Dein Handy spielt dabei zunächst gar keine Rolle. Du lässt es links liegen und konzentrierst dich auf deinen besten Start in den Tag. Vielleicht etwas Bewegung, ein paar Atemübungen, etwas frische Luft, vielleicht sogar eine kalte Dusche. Du tust das, was dafür sorgt, dass du dich wirklich gut fühlst. Im Anschluss nimmst du dir wenigstens fünf Minuten, in denen du kurz gedanklich deinen kommenden Tag durchgehst und dir vorstellst, wer du heute sein willst. Der Grundstein für einen erfolgreichen Tag ist gelegt. Daran ändert sich auch nichts, als du auf dem Weg ins Büro kurz im Stau stehst. Du weißt, dass du daran nichts ändern kannst, und entscheidest dich dafür, die Zeit zu nutzen, indem du dir parallel einen Podcast anhörst. An deinem Arbeitsplatz angekommen, verschaffst du dir einen Überblick über deinen Terminkalender und die wichtigsten Aufgaben des Tages. Falls du es nicht schon gestern getan hast, blockst du dir direkt noch etwas Zeit in deinem Kalender, um diese wichtigsten Aufgaben auch wirklich erledigen zu können. Bevor es so weit ist, geht es jedoch erst einmal ins erste Meeting des Tages. Du stürmst aber nicht direkt zu dem Termin, sondern gönnst dir wenigstens kurz eine Minute für ein paar bewusste, entspannte Atemzüge. Mit dieser Gelassenheit und dem vollen Fokus im Hier und Jetzt kannst du im Meeting einen echten Mehrwert leisten und verlässt den ersten Termin des Tages mit einem guten Gefühl. Läuft heute. Zumindest bis du zurück an deinem Schreibtisch bist und deine Mails checkst. Ein wichtiges Kundenprojekt braucht unbedingt spontan deine Aufmerksamkeit. Und zwar jetzt. Dein Plan gerät dadurch leicht ins Wanken, doch anstatt direkt frustriert und gestresst zu sein, holst du dich wieder zurück in den jetzigen Moment. Einmal tief durchatmen.

„Was ist jetzt das Wichtigste für mich?“

Direkt gehst du gedanklich die nötigen Schritte durch, um den Notfall für den Kunden zu lösen. Du schiebst kurz alles Unnötige beiseite und fokussierst dich voll und ganz auf die Lösung. Ein paar Minuten später ist auch schon alles behoben und du hast dich selbst mit Ruhe und Gelassenheit durch diesen kurzen Sturm navigiert. Heute kann dich nichts aus der Ruhe bringen.

Bis zur Mittagspause schaffst du es, den Großteil deiner Tagesaufgaben zu erledigen. Dabei bist du vollkommen im Flow und fragst dich am Ende, warum du eigentlich in der Vergangenheit so viel Zeit mit diesen Aufgaben verschwendet hast, wenn es doch auch so viel einfacher sein kann. Deine Mittagspause ist der Reset für die zweite Tageshälfte.

Gesundes Essen, ein kleiner Spaziergang, gute Gespräche mit Kollegen. Zeit, um kurz abzuschalten und Energie zu tanken. So startest du auch fokussiert und gelassen in die nächste Arbeitssession. Jede deiner Aktivitäten folgt einer klaren Intention. Du weißt immer genau, was jetzt zu tun ist. Keine Spur von Konfusion oder Multitasking. Stattdessen sammelst du mit jeder abgeschlossenen Aufgabe immer mehr kleine Erfolgserlebnisse und hast die volle Kontrolle über deinen Gefühlszustand. Selbst kurze Tiefphasen kannst du locker meistern, indem du dir eine kurze Pause nimmst und dich wieder in die Spur bringst. Das Ergebnis? Du verlässt das Büro mit einem Lächeln und dem guten Gefühl eines wirklich produktiven Tages. Früher hätte dich dein Weg jetzt vielleicht erst mal auf die Couch geführt, doch inzwischen kannst du deine Energie über den Tag hinweg so gut steuern, dass du noch genügend Ressourcen übrig hast für Hobbys und Zeit mit Freunden oder deiner Familie. Als du zum Abschluss deines Tages dein Erfolgstagebuch ausfüllst, durchströmt dich ein Gefühl der Zufriedenheit und des Selbstvertrauens. Schlussendlich kannst du dich entspannt ins Bett fallen lassen und noch einmal die schönsten Momente des Tages Revue passieren lassen. Alles, was bleibt, ist Dankbarkeit für dein neues Leben als Flowhacker.

Das Fazit deines Tages lässt sich perfekt mit dem zu Anfang bereits erwähnten Zitat von Jim Rohn zusammenfassen: „Wenn du dich veränderst, wird sich alles andere auch verändern. Wenn du besser wirst, wird alles andere auch besser werden."

10.1.
UNBEWUSSTE KOMPETENZ

„Continuous effort — not strength or intelligence — is the key to unlocking our potential."

- Liane Cardes

Egal ob in Workshops, Vorträgen oder Einzelcoachings, zum Ende hin taucht immer automatisch eine Frage auf:

„Wie lange muss ich das denn trainieren, bis ich wirklich Veränderungen spüre?"

Es gibt darauf zwei verschiedene Antworten. Eine individuelle und eine allgemeine Antwort. Zunächst einmal die individuelle Antwort:

Es kommt darauf an.

Ich weiß, das ist nicht die Antwort, die du dir gewünscht hast, doch es ist die ehrliche Antwort. Dein Veränderungsprozess ist und bleibt völlig individuell und lässt sich nicht pauschalisieren. Je nachdem, wo du gerade stehst und viel Zeit und Energie du bereit bist, zu investieren, wird es schneller oder langsamer gehen. Wichtig dabei ist: Es geht nicht um Geschwindigkeit, sondern um konstante Schritte in die gewünschte Richtung. Es bringt nichts, wenn du versuchst, alle vorliegenden Strategien innerhalb der nächsten zwei Wochen in deinen Alltag zu integrieren, und dann wieder aufhörst. Mag sein, dass du dann in den zwei Wochen einige große Fortschritte machst, doch danach fällst du wieder zurück in deinen Ausgangszustand. So hast du nichts gewonnen.

Konzentriere dich also lieber darauf, die für dich passenden Tipps und Übungen regelmäßig anzuwenden. In dem Fall wird die Kontinuität immer die Geschwindigkeit schlagen.

Bleibt noch die allgemeine Antwort auf deine vorherige Frage. Du solltest die Übungen und Tipps so lange anwenden, bis du das Level der unbewussten Kompetenz erreicht hast. Falls du noch nichts von den vier Stufen der Kompetenz gehört hast, dann lass mich dir kurz einen Überblick geben. Unabhängig deines Wissens darüber hast du diese vier Stufen alle schon erlebt.

- Unbewusste Inkompetenz
- Bewusste Inkompetenz
- Bewusste Kompetenz
- Unbewusste Kompetenz

Die unbewusste Inkompetenz bezieht sich auf alles, von dem dir gar nicht bewusst ist, dass du es nicht weißt. Erst wenn du erkennst, dass du etwas nicht weißt, wechselst du auf die nächste Stufe der bewussten Inkompetenz. Du weißt, dass du es nicht weißt. Durch die Auseinandersetzung mit den jeweiligen Themen gelingt dir anschließend der Sprung zur bewussten Kompetenz. Du kannst erlerntes Wissen oder bestimmte Fähigkeiten anwenden, wenn du dich aktiv darauf konzentrierst. Und zu guter Letzt hast du die Abläufe auf der dritten Stufe so oft wiederholt, dass sich Automatismen formen, die auch ohne dein aktives Zutun ablaufen. Ein einfaches Beispiel dafür ist Autofahren. In ganz jungen Jahren war dir gar nicht bewusst, dass du nicht weißt, wie man ein Auto fährt. Irgendwann wurde dir diese Lücke bewusst und spätestens mit der Fahrschule hast du die Fähigkeiten erlernt, um ein Auto zu fahren. Ab dann hat es jedoch noch viele Stunden der Praxis gebraucht, bis Autofahren für dich zum Automatismus geworden ist. Heute aber ertappst du dich vielleicht ab und zu dabei, dass du von einem Ort zum anderen fährst und dich gar nicht mehr aktiv an die Fahrt erinnerst. Die Automatismen des Autofahrens sind inzwischen so tief in dir verankert, dass du nicht mehr aktiv darüber nachdenken musst. Genau dieses Level darfst du auch im Flowhacking anstreben. Die Inhalte des Buches helfen dir jetzt, auf das Level der bewussten Kompetenz zu gelangen, auf dem du die verschiedenen Übungen und Lösungen aktiv anwenden kannst. Mit Zeit und konstanter Übung formen sich deine neuen Automatismen und du wirst zwangsläufig auf das letzte Level wechseln. Woran merkst du diesen Wechsel? Mach dir darüber nicht zu viele Gedanken. Ich kann dir versprechen, du wirst es merken, wenn es so weit ist. Weniger Fokus auf das Ziel, mehr Fokus auf den konstanten Prozess.

10.2.
IT'S JUST A MIND GAME

„Competitive sports are played mainly on a five-and-a-half inch court, the space between your ears."

- Bobby Jones

Vor einigen Wochen hat mich ein Freund gefragt, was meine größte Erkenntnis der letzten Jahre ist. Nach kurzer Überlegung wurde mir klar, dass die größte Erkenntnis vielleicht sogar die einfachste ist.

„It's just a mind game."

Es ist alles nur Kopfsache.

Deine Ziele, deine Wünsche, deine Träume, das Leben, das du dir wünschst, all das beginnt oder endet in deinem Kopf. Du glaubst daran, dass es möglich ist oder eben nicht. In beiden Fällen wirst du das Ergebnis deiner Überzeugungen als deine Realität erfahren. Deine Gedanken sind der Samen, aus dem deine Handlungen erwachsen. Deine Realität ist also nichts weiter als ein Spiegelbild deiner mentalen Welt.

Gelingt es dir, das Spiel in deinem Kopf zu gewinnen, dann gewinnst du auch auf dem Spielfeld des Lebens.

Es kann so einfach und doch oftmals so schwer sein. Ich weiß, dass gerade diese Einfachheit für viele Menschen häufig zu einfach ist. Das war sie für mich auch lange Zeit. Doch vielleicht darfst du abschließend genau das für dich akzeptieren. Das Leben darf leicht und einfach sein.

Veränderung kann leicht und einfach sein.

Es ist ein Spiel.

Das schönste Spiel, das du jemals spielen wirst.

Genieß es.

10.3.
ZUSAMMENFASSUNG

Wichtigste Punkte:

- Wenn du dich veränderst, wird sich alles andere auch verändern. Wenn du besser wirst, wird alles andere auch besser werden.
- Strebe mit den Übungen und Tipps des Flowhacking danach, das Level der unbewussten Kompetenz zu erreichen.
- Gelingt es dir, das Spiel in deinem Kopf zu gewinnen, dann gewinnst du auch auf dem Spielfeld des Lebens.

DEIN CODE ZUM TRAININGSPROGRAMM LAUTET:

FLOWHACKING